生物安全译丛

新兴生物技术与其危险性：严控谬用

Insecurity and Emerging Biotechnology
Governing Misuse Potential

〔英〕B. 爱德华兹　编著

李晋涛　等　译

科学出版社

北　京

图字：01-2021-2759 号

内 容 简 介

新兴生物技术的迅猛发展和潜在军事化应用往往备受人们关注，同时也引发了当今社会对科学技术、国家安全和全球秩序之间复杂关系的担忧。本书以合成生物学为例，通过分析新兴生物技术及其管控策略在现有政治文化背景下的局限性，总结了科技创新发展过程中的三大悖论，即创新者悖论、创新治理悖论和全球不安全悖论，并基于上述悖论对新兴生物技术领域所面临的具体挑战和困境展开了详细阐述，最后对未来国际新兴生物技术评估的工作提出了很好的建议。

本书适合医学、生物学等领域的研究生、教师、科研人员，以及涉及生物技术治理、管控的相关机构工作人员。也适合关注生物安全、新兴生物技术及其两用性以及生物技术军事化潜在危害的所有读者。

图书在版编目 (CIP) 数据

新兴生物技术与其危险性:严控谬用/(英) B.爱德华兹 (Brett Edwards) 编著; 李晋涛等译. —北京：科学出版社, 2021.6

书名原文: Insecurity and Emerging Biotechnology: Governing Misuse Potential

ISBN 978-7-03-069129-3

Ⅰ. ①新… Ⅱ.①B… ②李… Ⅲ. ①生物工程–研究 Ⅳ.①Q81

中国版本图书馆 CIP 数据核字(2021)第 109277 号

责任编辑：罗 静 / 责任校对：郑金红
责任印制：赵 博 / 封面设计：刘新新

科 学 出 版 社 出版
北京东黄城根北街 16 号
邮政编码：100717
http://www.sciencep.com

中煤（北京）印务有限公司印刷
科学出版社发行 各地新华书店经销
*

2021 年 6 月第 一 版 开本：B5 (720×1000)
2025 年 1 月第四次印刷 印张：4 3/4
字数：98 000
定价：98.00 元
(如有印装质量问题，我社负责调换)

译 者 名 单

主 译　李晋涛

副主译　邱民月　巩沅鑫

其他参译人员（按姓氏拼音排序）：

郭　玲　黄姣祺　黎　庶

李海波　谭银玲　王太武

译 者 的 话

当前国际形势风云变幻，国际关系与产业结构均受到了前所未有的冲击。新一轮科技革命、产业变革、新型大国关系，以及突发新冠肺炎疫情等诸多变局相互叠加，全球战略格局已发生重大转变。在新的战略格局下，科技创新能力在国际竞争中的地位愈发凸显。新兴生物技术作为创造未来文明的五大技术之一，正日益受到世界各国的高度重视。合成生物学作为新兴生物技术的重要代表，自诞生之日起就展示出了非凡的应用潜力。然而，由于其具有潜在的两用性，同时也为国际社会带来了新的安全隐患。怎样才能最大程度地利用好新兴生物技术，为人类造福的同时减少安全隐患，是科研人员、各国政府，以及国际社会需要共同关注的重要问题。

与西方国家相比，我国生物安全体系建设起步较晚。但随着相关建设工作的开展，我国总体生物威胁防御思想重视程度、相关法律法规覆盖范围、相关理论技术及产品研发水平、生物威胁应急响应能力等均有显著提升。《中华人民共和国生物安全法》已由中华人民共和国第十三届全国人民代表大会常务委员会第二十二次会议于 2020 年 10 月 17 日通过，自 2021 年 4 月 15 日起施行，从法律的层面对我国科研人员和相关机构提出了更高要求，成为我国相关领域科研机构和生物安全风险审查组织严格执行的重要规范性文件。

为了系统阐述新兴生物技术及其危险性，本书紧紧围绕上述问题，全面系统地提出了目前创新领域存在的三大悖论，即创新者悖论、创新治理悖论和全球不安全悖论。一方面切实肯定了以合成生物学为代表的新兴技术领域在促进生产力发展以及推动产业变革中的重要作用；另一方面通过回顾合成生物学发展史，并对世界各国相应的治理对策进行批判性评估，为未来新兴生物技术的治理与管控提出了新的理论与见解。

纵观人类发展历史，科技创新始终是一个国家、民族发展的重要力量，也是推动人类社会进步的根本驱动力。然而，如果将这股力量用在错误的方向，必然导致人类社会发展的巨轮岌岌可危。对于这艘巨轮上的我们，无论是风平浪静还是惊涛骇浪，都将以命运共同体的形式一同面对。最后，希望本书能为各位读者带来新的感悟和体会，让我们一同合理合法使用新兴生物技术，携手保卫国家、国际安全！鉴于译者水平有限，难免有疏漏乃至错误之处，敬请专家读者批评指正为谢！

李晋涛

2021 年 6 月 1 日

原 书 致 谢

　　我非常感谢为本书的基础工作提供支持的同事和朋友们。首先要感谢我的博士生导师亚历山大·凯勒博士，是他培养了我对这个领域的兴趣。这些年来，我有幸在巴斯大学与许多支持我的朋友和同事们一起工作。要感谢的人太多，我特别感谢大卫·加尔布雷斯、斯科特·托马斯和蒂莫·基维马基，感谢他们一直以来给予的鼓励以及在本书初稿中给出的意见，当然也非常感谢我在巴斯大学的朋友们和同事们，尤其是马蒂娅·卡卡托里、卢克·卡希尔、内维尔·李和汤姆·霍布森，是他们给了我写作的灵感。我也特别感谢那些致力于生物和化学武器裁减工作的人们，他们分别是：布莱恩·巴尔默、布莱恩·拉珀特、凯特里奥娜·麦克莱什、菲利帕·伦佐斯、詹姆斯·雷维尔、让·帕斯卡·赞德斯、乔·赫斯本兹、凯·伊尔奇曼、马尔科姆·丹多、尼克·埃文斯、皮尔斯·米勒、理查德·古思里和萨姆·韦斯·埃文斯。当然，本书中任何的错误或遗漏均由我自己负全责。

　　本书的完成蒙承多项研究和差旅经费的资助，包括威康信托基金会提供的博士助学金，以及作为由英国经济与社会研究理事会（ESRC）资助的"生化安全2030"项目中的部分博士后工作。后者使我对该领域所面临的全球治理挑战的复杂性有了更深刻的认识。我还要感谢帕尔格雷夫在本书的整个编写过程中不断提供的编辑支持。

　　最后也是最重要的一点，本书的完成离不开家人对我的支持。

目　　录

1. 概　　论

摘要　本章主要对当前创新领域为何如此吸引科学家、决策者以及公众注意力的原因进行了介绍，并重点对新兴领域技术创新扩散和军事化应用等现象所引发的担忧展开了阐述。新兴技术及其危险性作为近年来人们持续关注的热点话题，其引发的担忧也从侧面反映了目前科学技术、国家及国际社会三者之间的复杂关系。本章的中心论点是，我们有必要针对当代科技领域的应用范围、具体发展方向和相关管理政策的顶层设计等方面展开新的思考。然而，值得注意的是，对这一领域的政策制定会涉及许多不同但又相互关联的问题，包括如何界定创新者的伦理责任、如何预测新兴创新领域可能带来的社会影响、如何减轻这些领域已造成的社会影响，以及如何管控其在国际层面可能引发的军备竞赛。

关键词　核武器裁减；创新；专业知识；新兴科技

近年来，大众媒体上时常会出现关于新兴科学技术一旦被恐怖组织、犯罪团伙或政府滥用可能导致怎样严重危害的话题讨论。通常，公众普遍认为虽然技术滥用可能会带来严重后果，但这也是随着社会发展进程不断推进而必然发生的负面结果。当然，也有人认为，公众过分夸大了技术滥用的后果，实属杞人忧天。然而，值得注意的是，有时技术滥用并不完全来源于社会发展进程，也可能归咎于创新者本身对科学技术的错误探索。这就引出了一些需要我们认真思考的问题，例如，人类在追求国家或全球安全的愿景时，应该如何引导技术创新走向，如何看待道德底线应置于人类科学研究之上这一说法，以及技术与人性之间最基本的关系是什么。回答这些问题，或者更确切地说是用当代的方法来回答这些问题是本书的核心。本书不仅着重强调了技术革新本身给我们带来的挑战，还着重强调了我们在为防范这些技术被滥用而建立合理的监管体系时可能面临的挑战。值得注意的是，这些问题与挑战通常非常复杂，如正在进行的关于人工智能（artificial intelligence，AI）军事应用潜力的激烈讨论一样，这些问题往往本身就具有争议性，通常很难得出一个准确且合适的答案。

最近，谷歌的程序员（以及谷歌的公关团队）正就他们是否应该参与军事项目一事展开激烈讨论。此事源于谷歌曾与美国国防部（US Department of Defence，DOD）签订了一份关于参与由美国情报机构牵头的 Maven 计划的部分工作的合同

（该计划主要聚焦于对不断壮大的美国人工智能行业进行技术整合）。该项目中，美军情报部门面临的一个重要挑战是如何整理无人机收集到的海量视频图像资料，而谷歌作为项目参与者的任务则是开发出一款可对图像资料进行自动化分析的软件。2017 年 7 月，海军陆战队上校德鲁·库克在项目进展汇报中指出：

"你不能像买弹药一样去购买人工智能，因为弹药可以通过流水线批量生产，人工智能则需要审慎且独特的开发过程。而政府则是通过快速授予我们收购权，这让我们在开展该项目的过程中（约 36 个月）充分认识到政府是如何在最大程度上与企业合作从而更好地为纳税人和军队服务，最终确保其核心工作效率最大化[1]。"

谷歌参与 Maven 计划的消息引起了员工的不安。尽管谷歌领导层早前保证，该计划不会开发直接涉及针对性杀戮的技术，但仍有许多人辞职以示抗议。2017 年 4 月，约 3000 名谷歌员工联名签署了一封请愿信，要求谷歌公司取消该合同，并公开承诺不会开发战争科技。作为回应，谷歌公司制定了一项行为准则，阐明他们不会继续与军方合作开展直接针对民众的武器项目，也不会从事违反公认的国际法和人权原则的工作[2]。

虽然本次事件中，技术人员对科技用于战争的强烈反对使得美国国防部与谷歌公司间的合作被迫中止，但在当前激烈的市场竞争背景下，该项目后续技术收购也不存在太大难题。然而，本次事件也让那些在这一领域内工作，且原则上并不反对从事武器项目研究的程序员们左右为难。许多美国技术专家可能认为，他们有责任为确保美国国家安全出力，并帮助保护那些参与全球性军事行动的美国军人。然而，当技术人员自己都可以预见其工作成果可能会被他们所效力的国家或他人滥用时，则需优先从伦理道德层面进行考量。即使技术研发活动本身并未违反任何法律条文，但这并不意味着为国家或军队开展技术研发时可以凌驾于伦理道德之上。

在上述事件中，如果谷歌员工读过《自然》杂志上的一篇文章[3]，他们的顾虑可能会减少。该文章认为科学家们需要继续与美国军方合作，以进一步确保美国的国家安全，间接地促进国际安全。该文指出，在人工智能领域，美国与俄罗斯和中国之间的竞争仍在继续。即使美国的程序员拒绝为政府的国防项目工作，民用技术最终也可能被开发应用于军事领域，唯一的区别就是，它将通过更加迂回的方式进入武器技术领域。文章作者还指出，如今已被大规模生产的遥控无人机的开发者，应该没有预想到这项技术最终会被用于军事，也未曾预想到这项技术会在世界各地的战场上遭到黑客的攻击。

文章指出，当前科技开发和推广的巨轮已无法暂停，美国的人工智能技术应继续运用到美国军方，并鼓励政府以"合乎伦理"的方式来使用这些正在开发的技术。此外，文章认为应当由开发人员根据具体情况来决定与谁合作，以及在哪些项目上展开合作。正如文章所指出的：

> "有些项目提案是有悖伦理的，有些是愚蠢的，更有甚者同时具备上述两个特点。当看到这样的项目提案时，研究人员应该坚决提出反对意见。"

这就把创新者和他们对世界的担忧放在了"如何看待无所不能的技术所带来的挑战"的中心位置。谷歌公司后续公开表示：

> 谷歌不会将对人类社会造成（或可能造成）整体危害的技术考虑列为投资项目。当项目存在重大危害风险时，我们只会在确信收益远超过风险的情况下进行，并采取适当的安全约束机制[4]。

这是一个美好的愿望，但也仅仅是一个愿望，毕竟不同人对同一事件的想法往往都相差甚远。即便是事后再进行评价，社会上许多人仍然对科技发明所产生的社会影响持不同意见，从汽车到塑料，乃至核武器莫不如此。随着新兴技术的不断出现，更多的不确定性和模糊性接踵而至。这时如果我们仅仅根据单个发明者、科研团队或企业的潜在担忧和相关伦理责任来界定技术创新是否具有风险以及可能存在何种潜在利益与危害，可能过于武断。同时，这样也可能导致我们忽略投资项目筛选和技术创新监管的重要性。

尽管如此，在思考技术管控问题时，我们的目光依然常常被那些致力于前沿科技的创新者所吸引。这在一定程度上可能是基于对个人主义的崇拜（尤其是在西方文化中）。这一现象也反映出人们对创新者与其发明成果之间相互关系的普遍认知，即创新者拥有其创新成果，正如当前许多知识产权归属条例中明确规定，创新成果所有权归发明人所属，这些权利在全球范围内日益占据着主导地位。这也说明科学家往往是新兴技术的早期倡导者，有时也是技术管控的重要支持者。

事实上，很多创新者的人物传记已经脱离了实际，他们的故事被赋予了新的生命和活力，成为英雄史诗，也成为启发众多发明者如何克服傲慢和贪婪、遵守道德准则的寓言故事。尤其是对于那些参与了通用机枪计划或曼哈顿计划中武器研发项目的科研人员来说，这些故事呼吁的口号想必更加深刻。与此同时，我们也看到有科学家带头抵制武器项目的研发，他们不仅试图禁止核武器的研，还曾为全面禁用生物武器、化学武器不断努力。如今，与他们的前辈们一样，关注于人工智能武器化相关伦理问题的科学家们也正面临着同样的困境，做着一样的斗争。

回顾谷歌参与军事项目研究的问题，我们注意到一个奇怪的抗议请求。一名即将辞职的谷歌员工提议将谷歌的会议室以克拉拉·伊梅瓦尔博士的名字重新命名。克拉拉·伊梅瓦尔是二十世纪的化学家，她的丈夫弗里茨·哈伯因在氨的工业生产方面做出了突出贡献获得了诺贝尔奖。然而，伊梅瓦尔却为抗议她的丈夫参与德军化学战争，用哈伯的军用左轮手枪自尽了。多年来这个故事被反复转载[5]，但就谷歌事件而言，我们很清楚地知道提及这个故事的寓意是什么。

不可否认，许多科学家因为遵守"原则"承担了很大的风险，也失去了很多东西。在这些英雄主义行为中有着一定的浪漫主义色彩，还有着普罗米修斯式的恐惧和创新者浮士德式的契约[6]。围绕此类问题展开的思考和阐述广泛存在。例如，在病毒学领域，人们对禽流感病毒等具有引起全球大流行潜力的某些病毒的研究活动深感担忧。这些研究尤其侧重于创造出更为致命、更难以治疗的实验室重组病毒，以期赶在病毒发生自然进化之前，深入揭示其潜在致病机制[7]。这引起了人们对公共安全和病毒扩散风险的担忧，以及关于这些工作是否模糊了和平研究与进攻性研究之间界限的思考。关于此类研究工作的伦理问题已成为当前国际上争论的焦点，有关科学家的伦理责任问题也已被摆在了问题的首位和中心[8]。

这意味着，人们特别容易忽视，科技创新所带来的伦理问题往往不受创新者及其所在的研究机构控制，科技创新成果是否产生负面影响通常是由这些科技创新在社会中的作用和价值所决定的。这需要我们在防御性军事战略与进攻性军事战略之间寻求平衡，在经济发展与科研探索之间寻求平衡。而理解这些问题的方式以及寻求平衡的策略，因创新研究所在的领域和国家背景的不同而有所不同。

与现有领域相比，在新兴科技创新领域内，这些问题更为常见。从某种角度上讲，这似乎源于对新兴技术的新奇感。这种新奇感体现在以下的两个方面：一方面，关于新兴领域层出不穷的言论强调了新兴领域内蕴含着强大的发展变革潜力。因此，新兴领域被认为有可能会改变我们生活的方方面面。另一方面，鉴于新兴领域具有的这种无限发展潜力，想要预知并阻止某一技术领域所附带产生的负面影响是几乎不可能的。这似乎源于这样一个事实：在某一科学技术领域发展的早期，其组织机构、发展目标及其在某一专业技能方面所拥有的潜力，与现有领域相比，都更容易在社会上引起广泛的辩论和讨论。许多国家仍有大量科学家信奉"纯科学"，其捍卫者认为新兴领域是尚未被政治因素统治和腐化的一片处女地。有时，更像是科技创新的发展唤醒了其潜在的政治因素。例如，随着美国前任总统特朗普宣布组建新的"太空部队"，不仅仅使科学家们面临伦理问题，也使得"科学机构在为国家安全服务中应扮演何种角色"这一古老的辩题再度重燃。这种争论不一定意味着政治变革的开始，但却为政治变革的启动埋下了伏笔。在这种背景下，国际社会试图在偏执和狂妄之间找到一条出路，并确保他们选择推动发展的技术能够为公众利益服务、为社会提供所需要的资源，且能够与其在国际上所秉持和宣传的价值观保持一致。然而，相应的管理制度却不断地受到挑战。我们的监管机构和伦理审查机构似乎正在努力追赶千变万化的分配制度和创新经济体系、有组织的暴力行为的转型以及国际体系结构的演变。

简易爆炸装置[9]和无人机技术为我们充分理解"矛盾既是创新发展的源泉，又是创新所产生的必然结果"这一理论提供了优秀的研究案例。特别是基于大规模社会网络的并行处理使新兴技术融入并改变了有组织的暴力行为的实施方式。其实，这样的情况之前就已存在，战士们在战场上使用社交媒体和民用软件的现象越来越多，而且使用的方式也越来越巧妙。例如，乌克兰炮兵部队曾在 2016 年遭到一种新型黑客攻击，这一新闻被媒体广泛报道。该报道称，一名乌克兰军官曾开发并使用了一款基于安卓系统的应用程序，可在战场上协助部队进行火炮射击瞄准。该软件通过一个在线论坛向乌克兰军方人员进行推广，其访问权限由软件的开发者进行控制。然而不知在什么时候，俄罗斯的网络黑客组织"奇幻熊"（Fancy Bear）发布了这个软件的破解版，并在同一个在线论坛上进行了共享。据称，该破解版能让俄罗斯军队追踪并摧毁乌克兰炮兵部队[10]。

当今社会越来越清晰地认识到科技是国家安全乃至国际安全发展变革的强大驱动力，与此同时，科技发展可能带来的安全隐患也越来越让人忧虑，例如，新兴科技改变未来战争模式以及新兴科技可被用于突破大规模杀伤性恐怖主义技术壁垒。然而，公众对于科技发展可能带来安全隐患的忧虑往往最终都会转变为对相关领域和专家的要求和挑战，例如，要求专家个人、科研团体和科研机构不仅具有相关领域的专业知识和技能，还要从根源上对其研发的技术可能带来的安全隐患进行预判式分析，从而全面杜绝可能发生的安全隐患。这也引出了当前政治体制下，科技发展与国家安全之间更深层次的问题。随着现代社会的发展，公众更倾向于从科学的角度出发做出相应的决策，换句话说，就是根据客观知识做出决策，这样的要求固然是不合理的。由此可以看出，不管是出于对新兴技术引发安全隐患的恐慌还是出于对科学的绝对信任，当代社会都已对扩大科学对于非科学问题的决定权提出了更高的要求，同时还期待科学家们可在更短的时间内做出正确的决策。值得一提的是，真正在相关领域达成共识所需要的时间远超于公众和社会所期待的决策时间。这给科学家、学术团体以及专业化的科研机构带来了压力，同时也对这些专家群体提出了额外的专业知识要求[11]。

然而在另一个层面上，也正是因为人们对未来科技发展的不断展望，以及对新兴科技可能带来的社会影响的持续争论，才促使我们进行更深层次的反思，从而对当今社会与众多科技进步研究项目之间的关系给予新的定义和诠释。例如，从科学和技术的角度来分析挑起战争的必要性和战略手段，以及如何维护国家安全等问题。虽然上述问题看起来好似不太实际，但真实情况是：无论是在国家安全层面还是在国际关系层面，基于新兴技术的考量都一直存在。随着科技创新国际化形势不断发展，西方社会在追求科技创新的同时，必然会展现出更深层次的社会和政治目的。这也就意味着，如果仅仅聚焦于如何解决各国对有效的技术开发手段方面的分歧，则无法建立一个能够切实行使相关权利的全球性科技发展监管制度。我们必然需要针对技术、创新和政治之间的关系开展更深刻的考量。为了在全球范围内达成"科学造福文化与经济"的共识，近期上述问题被多次提出。例如，部分学者以《世界人权宣言》和《经济、社会及文化权利国际公约》为依据，对科学及其使用相关问题提出了指导方案[12]。值得注意的是，尽管这些问题在关于新科技的争论中经常出现，但相关技术使用管理等治理方案或办法却鲜有提及。

本书的主要贡献

本书旨在阐明新兴技术是政治统治、政治抵抗、政治抗争[13]等问题的论点之一，甚至可以说是所有政治问题的关键点[14]。当前时代背景下，科技不仅是维系现行制度体系和权力关系的工具，还是一个挑战现有格局的关键点，这使得科学技术管控工作尤为复杂。例如，由于技术发展的两面性，选择任由新兴技术发展还是进行严格管控常令我们无法抉择，毕竟新兴技术的发展可能让国家和国际社会更加安全，也可能为人类社会带来前所未有的灾难。本书作者认为，要理解新兴技术管控领域的应用范围、现行做法和管理政策，首先应对其引发的三个核心悖论有一定的了解和认识，即发展科技创新过程中，个人、社会以及政府所面临的三种相对稳定且常见的困境，它们分别是创新者悖论、创新治理悖论和全球不安全悖论（表 1.1）。尽管这些困境的某些方面由来已久，但在现阶段它们表现出许多新的特征。例如，人们对军事技术失窃的顾虑要远早于对"军事"或"科技"的顾虑。而今我们思考这些问题的方式，很大程度上取决于过去 100 年内科技发展的影响。

表 1.1　创新安全的三个悖论

创新者悖论	创新必然具有两面性。这让创新者和创新推动者陷入了在科技和伦理道德之间难以抉择的境地。
创新治理悖论	社会通过发展和维护创新体系来谋求安全，但创新的同时也会产生一些不安全的因素。这就造成了科技开发和科技防范这两种相互矛盾的需求并存的局面。
全球不安全悖论	各国均处于安全状态是保障国际安全的核心，然而各国相差甚远的科技管控政策为全球化科技管控提出了新的挑战。

每一个悖论似乎都对个人、国家以及国际社会提出了自相矛盾的需求。这些悖论有时会表现为特定人群或部分社会形态所面临的严重伦理困境，但更多的时候，它们会因为顺应习惯和对传统的遵循，在不知不觉中得到解决。我们通过对上述悖论中存在的偶然性和重要性展开研究，从不同方面揭示了控制技术滥用问

题所面临的挑战。

本书以公开资助的新兴民用科技项目为主要研究背景，对此类项目中是否存在三种悖论以及以何种方式体现出来等问题进行了研究。本书作者发现，由于新兴民用科技项目领域长期存在各种观念和权力斗争，因此这些领域中所出现的问题可对相关机构和政府制定科技伦理标准起到重要的参考作用。同时，各类新兴民用科技项目也为新的创新管理模式和创新设想被推演、试点并整合到现有管理模式中提供了实操练习的机会和空间。与人类社会所有专业领域一样，新兴科技管理主要从以下三个方面出发：伦理评估（确立主导性社会习俗的需求）、政策设计（梳理合适的途径或渠道让"合乎伦理"的成果最终实现）和政治决策（重申或转变道德范畴和实际应用范围）。虽然我们可以通过定义对上述三种方式加以区分，但实际上它们之间是密切相关的。这意味着同样的方案会呈现出多种意义，且具有不同形式的交叉含义；也意味着我们要承认，当我们在界定和重新诠释暴力、深究科技创新目的以及探讨社会治理的主导模式时，关于特定技术和创新领域的各种争论已经深深根植于更广泛的政治斗争中了。

此外，本书作者通过对国家和国际安全领域的相关研究得出结论：各国和国际社会如何告知民众当前的安全状态、如何保障国家及国际安全以及设立了怎样的政策对人类社会各行各业都具有重要且微妙的作用[15]。这些作用不仅反映在那些公开履行安全职能的机构中，也反映在那些导致科技创新与国家甚至国际社会产生紧密联系的更为根深蒂固的结构体系内。这就要求我们在某种程度上将"安全问题"和"社会对新兴科技的担忧"这两个问题进行区分。然而，我们不得不承认，在整个科技创新及科技管理体系中，二者仍紧密地交织在一起。

本书的着眼点、写作方法、研究设计和框架结构

本书的主旨在于通过强调现有政策框架下文化和制度的局限性以及改变的可能性，使这些真知灼见能够得到进一步的拓展。本书借鉴了核武器裁减领域中此类工作的历史经验，关注一个行业内一直公认但最近才被外界所认知的问题。近年来，防患未然式的或预防性的创新管理方法在这一研究领域中变得越来越重要。本书围绕不同文化背景下科技发展趋势及科技管理政策展开广泛研究，对科技在国家安全和战争中可能起到的作用进行了探讨和阐述[16]，同时对不同文化背景下科技管理差异性进行了简要分析[17]。希望本书对揭示新兴科技领域相关安全政策的复杂性和随机性等方面起到一定的辅助作用。在写作思路方面，本书主要参考的是批判性历史研究的方法[18]，对核心概念、主题和论据进行了反复推敲提炼，从而得出关于如何完善优化科技管理政策相关的有益建议和意见。这一过程不仅

得益于专家学者的指导，也得益于与技术评估、安全保障和核武器裁减相关从业人员的悉心协助。本书综合了作者所开展的多项理论研究工作。例如，通过利用政策法规、半结构化访谈、参与式观察，以及与该领域内的科学家和决策者沟通交流等方法开展的初步历史比较研究项目。该项目就英国和美国在合成生物学领域对安全问题的处理方法进行了比较。随后，作者参与的另一项倡议活动又对上述研究项目的结论进行了补充。该活动过程中，活动主办方将学者和决策者召集起来，就如何在遵守《生物和毒素武器公约》[19]的背景下，对正式的科学技术和审查程序进行改进等问题提出了建议和意见。此外，本书还融合了作者对如何改进人类对全球化学和生物武器管理体制的应对能力的新见解[20]。这些见解主要来源于其在巴斯、伦敦和日内瓦等地组织开展知识培训、学习会议和其他活动时有幸与许多专家和从业者的思想碰撞。

　　本书主要讲述了我们在管理科学技术领域时所面临的实际挑战，也谈到了这一政策框架的发展所形成的一些更深层的政治和哲学问题。因此，那些致力于新技术所产生的人道主义问题研究的学者、对其工作所涉伦理问题展开思考的科学家，以及关注科技管控和安全问题研究的人可能会对本书更感兴趣。鉴于本书的表现形式，必然存在一定的局限性和片面性，在此恳请该领域内的专家和从业者能够予以谅解。

　　本书框架结构如下：第 2 章介绍了技术创新安全问题的三个悖论。第 3 章通过对合成生物学领域的介绍，讲述了科技领域内存在的安全问题。第 4～6 章对合成生物学领域的发展、相关安全问题及管控对策进行了进一步阐述，并概述了诸如合成生物学之类的科技领域所面临的具体挑战和困境。最后一章对全书内容进行了总结，并对今后科技创新及管理相关工作提出了一些建议。

参 考 文 献

1. Cheryl Pellerin, 'Project Maven to Deploy Computer Algorithms to War Zone by Year's End', U.S. Department of Defense, 21 July 2017, https: //www.defense.gov/News/Article/Article/1254719/project-maven-to-deploy-computer-algorithms-to-war-zone-by-years-end/.
2. SundarPichai, 'AI at Google: Our Principles', Google (blog), 7 June 2018, https: //www.blog.google/technology/ai/ai-principles/.
3. Gregory C. Allen, 'AI Researchers Should Help with Some Military Work', News, Nature, 6 June 2018, https: //doi.org/10.1038/d41586-018-05364-x.
4. SundarPichai, 'AI at Google: Our Principles', 7 June 2018, https: //www.blog.google/technology/ai/aiprinciples/.
5. Bretislav Friedrich and Dieter Hoffmann, 'Clara Immerwahr: A Life in the Shadow of Fritz Haber', in *One Hundred Years of Chemical Warfare: Research, Deployment, Consequences* (Cham: Springer, 2017), 45–67, https: //doi.org/10.1007/978-3-319-51664-6_4.

6.　R. W. Reid, *Tongues of Conscience: War and the Scientist's Dilemma* (London: Constable & Company Limited, 1969).

7.　Michael J. Imperiale, Don Howard, and Arturo Casadevall, 'The Silver Lining in Gain-of-Function Experiments with Pathogens of Pandemic Potential', in *Influenza Virus: Methods and Protocols*, ed. Yohei Yamauchi, Methods in Molecular Biology (New York, NY: Springer, 2018), 575–87, https: //doi.org/10.1007/978-1-4939-8678-1_28.

8.　Brett Edwards, James Revill, and Louise Bezuidenhout, 'From Cases to Capacity? A Critical Refection on the Role of "ethical Dilemmas" in the Development of Dual-Use Governance', *Science and Engineering Ethics* 20, no. 2 (June 2014): 571–82, https: //doi.org/10.1007/s11948-013-9450-7.

9.　James Revill, *Improvised Explosive Devices: The Paradigmatic Weapon of New Wars* (Cham: Springer, 2016).

10.　Dustin Volz, 'Russian Hackers Tracked Ukrainian Artillery Units Using Android...', *Reuters*, 22 December 2016, https: //www.reuters.com/article/us-cyber-ukraine/russian-hackers-tracked-ukrainian-artillery-units-using-android-implant-report-idUSKBN14B0CU.

11.　Harry Collins and Robert Evans, *Rethinking Expertise* (Chicago and London: University of Chicago Press, 2009).

12.　Aurora Plomer, *Patents, Human Rights and Access to Science* (Cheltenham: Edward Elgar, 2015).

13.　Antje Wiener, *A Theory of Contestation*, 2014 edition (New York: Springer, 2014).

14.　Andrew Feenberg, *Critical Theory of Technology* (New York: Oxford University Press, 1991); Darrell P. Arnold and Andreas Michel, *Critical Theory and the Thought of Andrew Feenberg* (Cham: Springer, 2017).

15.　Thierry Balzacq, 'Enquiries into Methods: A New Framework for Securitization Analysis', in *Securitization Theory: How Security Problems Emerge and Dissolve*, ed. Thierry Balzacq and J. Peter Burgess (Abingdon: Taylor & Francis, 2010).

16.　Christopher Coker, *Future War* (Wiley, 2015); Andrew Cockburn, *Kill Chain: The Rise of the High-Tech Assassins* (New York: Henry Holt and Company, 2015).

17.　Stephen Hilgartner, Clark Miller, and Rob Hagendijk, *Science and Democracy: Making Knowledge and Making Power in the Biosciences and Beyond* (New York: Routledge, 2015); Sheila Jasanoff, *Designs on Nature: Science and Democracy in Europe and the United States* (Oxfordshire: Princeton University Press, 2005); Sheila Jasanoff and Sang-Hyun Kim, *Dreamscapes of Modernity: Sociotechnical Imaginaries and the Fabrication of Power* (Chicago and London: University of Chicago Press, 2015).

18.　Martin Reisigl, *The Discourse-Historical Approach* (Routledge Handbooks Online, 2017), https: //doi.org/10.4324/9781315739342.ch3.

19.　Alexander Kelle, Malcolm R. Dando, and Kathryn Nixdorff, 'S&T in the Third BWC Inter-Sessional Process: Conceptual Considerations and the 2012 ISP Meetings' (Bradford Disarmament Research Unit, University of Bradford, 2013), http: //www.brad.ac.uk/acad/sbtwc/ST_Reports/ST_Reports.htm.

20.　www.biochemsec2030.org

2. 创新安全的三个悖论

摘要 本章对新兴创新领域技术滥用管控的一些核心概念和方法进行了概述。本书着重强调，由于技术发展的两面性，选择任由新兴技术发展还是进行严格管控常令我们无法抉择，毕竟新兴技术的发展可能让国家和国际社会更加安全，也可能给人类社会带来前所未有的灾难。为了更好地理解这一观点，我们首先要认识到，针对新兴科技创新领域的管控策略主要围绕创新者悖论、创新治理悖论和全球不安全悖论等三个核心悖论展开，这些悖论给创新者和整个社会都带来了一定的困难和挑战。尽管某些困境存在已久，但如今它们表现出许多远超我们想象的新特征。本章将依次对这些悖论进行介绍。

关键词 负责任的研究与创新；技术评估；核武器裁减

创新者悖论

人类天生就充满好奇心和创造力。从当前个人、学术团体和研究机构在技术创新方面获得的投资总额，就可以看出社会对人类创造力的鼓励和支持程度。与此同时，技术专家出于对技术研发的兴趣及道德责任感，也时常对他们所背负的伦理责任进行反思。在本书中涉及两个特别重要的问题。首先，根据创新的性质、产出或预期用途，哪些形式的创新应该被禁止？其次，为了阻止他人非法滥用他们的研究成果，科学家们应该承担哪些责任？[1]

以上问题的答案通常应该明确或含蓄地出现在相关的法律和行为准则中。但事实上，这些答案更多地仅仅反映在创新团体内部的一些不成文的社会和职业惯例中。这些惯例不仅反映了创新团体与国家和整个社会之间微妙的关系，还广泛受到国家科技水平和国际局势的影响。随着科技的发展，创新团体自身也会主动地调整变更其行业标准，使之更科学合理。总之，创新者的责任在不断发展演变，需随时间或地点不同对相关的伦理标准进行修改甚至重新定义。

总体而言，当代大多数关于创新者责任的论述，都基于以下两种主流观点，虽然这两种观点本质上都具有一定的片面性，但在创新的意义和影响方面，确实反映出了"行为"与"反思"之间与生俱来的矛盾关系。

一方面，科学家通常有着"纯粹"的创新愿景，这种愿景的产生可追溯到科学起源之前。著名的讽刺音乐家汤姆·莱勒在创作有关沃纳·冯·布劳恩（为纳粹德国制造火箭的科学家）的歌曲时，敏锐地抓住了这一点。沃纳·冯·布劳恩是第二次世界大战结束后被招募到西方国家从事军事和民用项目研究的众多科学家之一。1965 年，莱勒在他的歌曲中唱到：

> "说他虚伪，还不如说他对政治不感兴趣，'一旦火箭升空，谁在乎它们在哪里落下？那不是我的专业'，沃纳·冯·布劳恩说"。

歌词虽然夸张，却反映出了二十世纪主流的科技创新理念，这种理念至今仍在不同的科学团体中有着不同程度的体现，并确实反映了大多数科学家的立场。这种"纯粹科学"理念的特点在于强调集体原则，它可以保证科学领域不受个人和其他特殊利益的腐蚀，并确保科学发展成果能够得到共享[2]。这种观点强调科研机构的固有特性，即促进"好科学"的发展，但并不对创新的社会目的和意义做出伦理上的规范。也可以说，这是一种工具式的创新观，只考虑科技创新的工具性。

另一方面，当代科学研究对资源有着巨大的需求，并日益被国家的社会和政治结构所左右。第二次世界大战结束后，针对国家和国际"重大"科学研究项目所制定的相关政策也反映了这一点。这些科研项目体现了社会对科学发展的政治目的与道德预期的不同立场，也体现了对科学创新能否以及如何与工业和军事机构相融合发展的不同理念。

这两种观点——一个强调发展"好科学"，一个强调创新者应是"好公民"——对个体的道德观产生了根本性的影响。在不同的创新者群体之间，以及处于不同国家背景下的类似领域之间，这两种观点又存在着巨大差异。类似的矛盾关系在商业道德中也有体现，并成为促进企业履行责任的驱动力[3]。

此外，创新者不仅仅只是道德规范的遵守者，他们还参与了创新伦理道德规范的形成与建立。技术创新者历来扮演过多种角色，他们不仅影响了特定研究领域与安全机构之间的关系，也对科技创新与国家之间的社会契约关系造成了一定的冲击。因此，由于不同时空下的科学家们均在各种不同的伦理背景下努力工作，由科学家们形成的这一集体实则在抵制科技军用的同时仍然从某些层面促进了科学技术在武器开发过程中的运用。

当前，人们对于发展和使用新技术持有不同的看法。主张大力发展科学技术（包括军事和武器技术）的支持者们试图抵制那些过分谨慎的公众对新科技施加的限制，他们认为发展和使用新技术对维护国家安全具有重要意义，同时还可减轻战争可能带来的人道主义问题。例如，最近主张美国在致命性自主武器系统领域极力扩张的支持者指出，从长远考虑，如果不这样做将有损美国的国家安全，因为其他国家必然会采取扩张的做法[4]。他们还认为，与现有武器系统相比，这种武器系统可能会降低非战斗人员所面临的风险。然而，如此乐观地认为新武器能够改变战争的残酷性（特别是在减轻人类痛苦方面），又必然受到人们的质疑。其中的部分原因在于，当前科技发展趋势和国际伦理约束瞬息万变，未来新武器系统将对战争模式带来怎样的变化却很难预测，核武器、智能炸弹、无人机以及全自主武器系统的安全性[5]和理论方面[6]的研究很好地证实了这一点[7]。另外，这样的乐观估计往往来自于那些远离战场的人，而非来自于那些亲历战争的战士。例如，理查德·加特林是加特林机枪（一种早期机枪）的发明者和命名者，据报道他的初衷是希望这种武器能够减少战场上的人员伤亡。

在化学战领域也有类似的自以为是的事件。第一次世界大战结束后，多国军方不确定化学武器是否是一种值得投资的未来武器，也不确定未来战争中是否还会使用化学武器（世界上或许再也不会出现化学战）——美国军队在撤离欧洲时，集体丢弃了防毒面具[8]。英国科学家霍尔丹在其 1925 年出版的著作中，提出了一种在第一次世界大战结束后备受化学武器研发人员推崇的观点。在这一撰写于化学武器研发机构争抢资源、民用化学工业尚未复苏之际的著作中[9]，霍尔丹声称全面禁止化学武器的设想过于感情用事。他认为，对第一次世界大战后期"科学武器"（包括窒息性毒剂和糜烂性毒剂）的伦理学异议，实际上是出于对新事物的无知和恐惧[10]。尽管他预见到化学武器未来会被用于城市空袭，并看到了此类武器在提高杀伤力方面有着巨大潜力，但他仍对化学武器持乐观态度。事实却是，西班牙人在里夫战争（1921～1927 年）[11]中使用了芥子气，这被认为是空投毒剂的首例。随后，意大利在埃塞俄比亚大规模、系统性地使用芥子气，依靠技术（包括一支现代化的空军）取得了优势。史料记载："芥子气的使用特别有效，因为埃塞俄比亚士兵穿着传统的轻质沙漠服装，皮肤暴露在外。此外，埃塞俄比亚士兵通常赤脚或只穿凉鞋。"[12]由于在空战中几乎没有对手，意大利军方甚至还利用飞机喷洒大剂量芥子气，以对其杀伤效果进行试验。据估计，当时伤亡人数高达数万人[13]。众所周知，包括芥子气在内的多种化学毒剂在露天环境中可持续存留，且在容器中保存数十年后仍有剧毒。

第一次世界大战期间遗留在欧洲的芥子毒气弹，以及第二次世界大战期间积压的芥子毒气弹，在欧洲仍然偶尔会造成伤害事件[14]。除了欧洲国家，中国在二战 70 多年后仍然在处理其领土上遗留的化学武器。在中国，废弃弹药已造成超过 2000 人伤亡，据报道最近的一次伤亡事件发生在 2003 年[15]。

霍尔丹还低估了有机化学被用于开发新型强力神经毒剂和环境武器方面的破坏性潜力。他在 1937 年曾推测[16]：

"我们可能仍未完全列出那些疑似有毒的气体，或者更确切地说，是有毒的挥发性化合物，因为许多所谓的'气体'在常温下都是液体。不过，我相信不会有比芥子气更糟的事情发生。"

在随后的 20 年里，若干国家陆续研制出了多种新型化学毒剂。包括德国化学武器计划中的 G 系列神经毒剂（塔崩、沙林、梭曼和环沙林）。其中，塔崩是在民用化学工业中筛选候选农药的时候被军方发现的。紧随其后的是 V 系列神经毒剂的开发（包括最著名的 VX，由英国科学家于 20 世纪 50 年代研发成功）。与塔崩一样，V 系列神经毒剂也是在民用杀虫剂开发工作中被偶然发现，其中一种致死性较低的毒剂（VG）实际上就是一种在市面上销售的名为胺吸磷的杀虫剂[17]。然而，到 20 世纪 50 年代末，军事机构越来越热衷于筛选候选毒剂。比如 VX 毒剂就是那时在英国波顿镇被研发出来的。英国以及许多其他国家的军方都在持续寻找和开发各种致命性和非致命性的毒剂，于是就有了如今我们所熟知的各种化学战剂。

霍尔丹还低估了化学武器及其降解产物对环境造成的持久影响，尤其是在大规模应用时。

"我已经说过，在这方面不太可能会出现更糟糕的情况。因此，当人们在赫伯特·乔治·威尔斯所著的 *The Shape of Things to Come* 一书中读到化学武器将导致大片地区多年不再宜居时，人们会称赞他丰富的想象力，但不会认同他的观点。"

在越南战争期间，作为其环境战军事行动的一部分，美国使用了包括橙剂在内的化学战剂。战后，许多重灾区仍有人居住，战时残留的化学战剂污染持续给灾区居民造成伤害，导致先天畸形和癌症频频发生。这样的环境污染持续了超过 40 年的时间[18]。

霍尔丹对 20 世纪 30 年代爆发生物战的可能性同样不以为然，他列举了将这些生物制剂进行工业生产和军事化应用所面临的挑战。然而，日本在第二次世界大战中就使用了生物武器[19]，战后，各国继续开发包括大量生物战剂在内的一系列生物武器，包括可导致鼠疫、炭疽、土拉菌病和天花的病原体，以及以其他植物和动物为宿主的病原体[20]，尽管当时认为这些武器很可能永远不会用到。各国研发生物武器的原因大同小异，一方面是担心被他国以同样的方式威胁，甚至是实施核报复；另一方面是人们日益认识到，大国对先进生物武器系统的垄断将不会长久，技术扩散是不可避免的。最近的一项调查表明，截至 1990 年已有多达 8 个国家主动开展了生物武器项目研究[21]。

霍尔丹认为化学武器和生物武器不可能被禁止，因此抵制其军事化进程毫无意义。部分原因在于，他认为对科学各个领域进行无休止的恶意开发是不可避免的。20世纪，其他科学家也就生物武器开发中的人道主义和威慑效应展开了漫长的争论[22]。如今生物武器和化学武器被公认为是令人憎恨的战争武器，并且被国际法全面禁止。与遏制各种可能使世界变得更加危险的军事研发的观念相吻合，反对生化武器开发和使用的准则陆续发布。出于对生化武器杀伤效应的恐惧，相关禁令实施早期，许多武器专家和相关领域科学家也曾一致公开反对开发生化武器的科学研究活动。但也正是因为对生化武器的恐惧，近几十年来，生化武器相关科技研究投资比例又开始呈现逐年上升的态势[23]。这反映了在利用生物技术和先进技术等新兴领域的军事潜力方面一直存在争议。以自主武器领域为例，其争议包括：在武器系统发展方面，对科技进步无限制的恶意开发是否不可避免？科技能否以某种方式净化战争？技术是否会被滥用？在我们基于人道主义对各类武器系统作出判断之前，是否应允许对某些武器系统进行尝试[24]？

因此，人们总是一边挖掘技术在军事领域中的潜力，一边又想遏制其他国家尤其是敌对国的这种潜力，导致这个世界伤痕累累。正是科学伦理与激进主义之间的矛盾与冲突造成了如今这种局面。科学家一直是军事开发的倡导者，同时也在当代全球生化武器禁令和国际人道主义法的诞生和继续演变中发挥着核心作用。在多项制度实施的初期，他们作为发起者起着根本性的作用，同时在生物、环境、太空、化学和核武器裁减领域相关条约签订的整个流程中，他们一直是专业技术知识的提供者。

科学家通常都很有远见，他们在预见技术的潜力以及管理技术方面发挥着重要作用。审视他们的观点有助于我们把握科学家所处的伦理环境以及他们所代表的团体。然而，若把目光仅聚焦在创新者的顾虑上，我们可能会忽视广大创新机构与国家和国际安全之间更广泛的关系，也可能会忽视更深层次且同样实际的问题，即在创新机构之间的关系、利益冲突、社会制度等不断变化的背景下更新战争法的必要性。

创新治理悖论

创新治理悖论关注的焦点在于科技对社会同时存在着积极和消极两方面的影响（尤其是在国家和国际安全方面），我们应努力使积极影响最大化，将消极影响降到最低。社会所面临的关键挑战不仅在于对特定技术所产生的影响进行预判，而且要在负面影响扩大时对其进行确认和处理。上一节提到，新的更"实用"的创新观已经逐渐成为科学领域的主流思想，这塑造了创新者所处的伦理环境。在本节中，我们将更具体地讨论这种转变带来的影响，这种转变包括在国家层面上创新方法的改变、整个社会对创新的顾虑以及管理相关事务的新方法的产生。

第二次世界大战后，军民科技交流得到积极推动，相应技术及其创新体系也日益融为一体。然而，从安全的角度来看，这种融合给科技管控（主要包括防止那些在开发和使用方面存在污点的"禁忌"武器扩散的管控）带来了新的挑战，因为在核武器、化学武器和生物武器管控方面，涉及的大多数技术和材料都是两用性的。例如，浓缩铀既可以用来产生核能又可以用来制造核武器。"两用性"是指某些技术在国际社会中被认为既具有合法的良性用途（民用），又存在非法的或应该被管控的用途（军用）。自第二次世界大战结束以来，各国主要通过许可证制度和统一出口管制制度对接触到两用性技术的人进行系统管控。然而，各国在民用研究和新兴技术管控方面的考虑要少得多，直到 21 世纪初，考虑到新技术被恶意滥用的可能性，这种情况才得到改变。

在 20 世纪下半叶，若干领域的发展推动了人们开展更可持续性的尝试，在利用科技的军事潜力的同时，又能够控制其扩散。在军事与民用创新领域中持续开展的结构重组就是其中的一个例子。在战后的若干年，军事创新主要由国家重大项目资助，这种遏制战略在一定程度上能够减少其他国家对技术的窃取（例如对核技术的控制）。然而，随着军民创新一体化发展，技术及生产资料日益普及。与此同时，越来越多的新自由主义投资及相应管控方法兴起，使得各国更加难以控制和跟踪与安全相关的技术发展。

随着国家级创新战略和技术评估规划的迅速兴起，创新模式越来越多样化。这就产生了一种日益紧张的矛盾，即通过市场力量来促进和推动创新，与企图对创新的产出及其社会影响进行控制之间的矛盾。这种矛盾造成了一种进退两难的局面，在 20 世纪 80 年代，大卫·科林格里奇将其描述为"双重束缚"问题。

"一项技术的社会影响无法在其诞生之初就被预料到。然而，当发现不希望的后果时，该技术往往已经成为整个经济和社会结构的重要组成部分，以至于对它的控制变得十分困难，这就是控制的困境。当改变容易实现时，我们通常无法预见到进行改变的必要性；而当改变的需求显而易见时，改变已经变得昂贵、困难且浪费时间了。"[25]

在这一时期，人们认为国家级科学规划可以使创新进程合理化，国家可以通过技术管理来迅速提高创新效率。基于这种认识，创新的线性发展概念应运而生——技术进步来源于基础科学知识的发展，基础科学知识的发展导致了创新的扩散。因此，不同形式的社会干预可以沿着这条路径循序渐进地进行，在当时看来，这是有意义的，因为那时人们担心科学产生的技术潜力和社会潜力正在渗透到那些易受技术专家影响的技术发展体系中，无论是在东方还是在西方都是如此[26]。

　　然而，随着新自由主义和市场驱动方式的出现，创新特性发生了更广泛的转变，这种转变意味着线性发展概念已经被更系统的创新发展理念所取代。在此背景下，创新被认为是大学、工业和国家之间日益整合的社会环境的产物，它以"合作生产"[27]为中心，将科学研究、商业化和社会评估过程整合起来。在不同的国家背景下，这种关系有不同的管理模式，并被主导新兴技术管控的专家和监管机构所影响[28]。总体而言，预测和审议新兴技术造成的社会影响，发展制定更加积极主动的公众参与方法，以及在研究机构内部进行伦理学评估和风险评估的整个过程日益融合，促进了创新特性的广泛转变。近几十年，人们对恐怖主义以及新领域军事投资（特别是在美国第三次"抵消战略"保护下的网络领域和生物领域[29]）的担忧，意味着针对安全问题的讨论已逐渐成为一个重要的话题，尤其是在创新所带来的伦理争议方面。

　　本书重点关注的一些方面，包括将国家和国际安全作为科技管控的目的，通过现有的管控体系来管理新兴科技，以及开发新的科技管控模式。以上每个方面都面临着不同的政治挑战，这些挑战因国家背景和专业领域的不同而有所差异。以技术开发为例，很显然，军事技术的开发和利用方面的问题是由军事文化和整个社会规范所决定的，这些文化和规范决定了哪些技术应该被开发、达到什么目的，以及用于指导军事科技开发（包括武器开发）的政治程序和伦理标准是什么。人们通常从两个方面来讨论这一问题，一方面是为战胜对手而产生的竞争动力，另一方面是战争规范中的道德约束。在此背景下，科学技术在各国对战争的理解和实践中，以及技术评估标准的制定中日益占据着核心地位[30]。

　　新兴技术所带来的挑战主要在于对其负面效应进行管控。这基本可以归结为对安全方面的潜在继发性负面影响（例如扩散）及相关工作中意外出现的人道主义后果进行管控。这种管控越来越被认为是一种复杂的系统性风险管理[31]。"系统性风险"是与"简单风险"相对的定义，后者是指当问题出现时，无可争议地执行已有的行动预案。相比之下，系统性风险管理问题的特点是具有复杂性、不确定性和模糊性。复杂性是指它们所涉及的并不是结果容易被量化的简单因果链事件，而是牵涉多种中间变量；不确定性是指在评估不良事件发生的概率及后果方面缺乏足够的数据或信息；模糊性是指它们通常存在价值观上的冲突，例如，不同的利益主体在某个特定的问题上可能会持有相反的却又"正当合理的"观点。

　　举例来说，在威胁评估方面，由于行为主体掌握的技术及其意图、能力方面存在着诸多变量，因此生物恐怖主义所带来的风险是复杂的。同时，由于在衡量恐怖组织滥用技术的可能性及其后果方面缺乏标准，针对这方面的讨论大部分是通过类比分析得出的结论[32]。最后，在定义和平衡"科学自由"与"安全"的价值观方面也存在着模糊性。系统性风险治理工作具有几个关键因素，其中特别关注的是"预评估"阶段。"预评估"一词是指在现代社会中，将新问题（风险/威胁）初步确定并归纳为可控问题的正常的政治过程。雷恩已经确定在预评估阶段或在新兴的系统性风险管理体制中预计应存在四个相互关联的组成部分[33]。第一个组成部分是问题的框架，这通常涉及对问题定义的分歧（例如，问题的适用范围、严重性和因果关系）；第二个组成部分是对新的危险进行系统性的搜索调查，例如，指定一个机构负责对该领域进行深入的系统性调查，以确定风险的范围和来源；第三个组成部分是利用相关机构中已有的体系或风险治理方案对目前所面临的问题进行相应的确认和应对；最后一个组成部分是选择风险评估的科学标准，包括风险评估的关键假设、常规惯例和程序规则，以及相关机构为推广这些标准而制定的初步计划。

在建立"合乎伦理的"和"安全的"技术发展目标的讨论中，新技术的无限潜力成为争论的关注点，也成为定义和重新诠释军事与科学之间关系的考量因素。由于对创新与安全之间不断发展的关系的深入理解，针对新兴武器技术和存在"滥用"可能的技术进行伦理评估的专业知识应运而生，此外，围绕技术的安全性问题还建立了一些新的机制以对技术进行评估、开发和管理。以上实践主要有以下三种形式：一是扩大对军事创新的法律和伦理监督的范围（即军事伦理学）；二是在对民用创新领域的伦理评估中增加安全考量的部分（新兴科技伦理学，New and Emerging Science and Technology Ethics，NEST）；三是在军民创新的伦理学整合方面进行更多大胆的尝试，比如美国在生物技术[34]和人工智能[35]等领域成立了新的研究中心。各个领域的发展同时带来了协作方面的挑战，军事机构和广大的安保机构能否在技术发展中发挥适当的作用，引起了社会的广泛关注。总的来说，这些通过道德规范进行治理的努力也为这些领域建立"合乎伦理的"和"安全的"发展轨迹开拓了新的视野。

从技术评估的角度来思考这个问题，会使我们认真对待这些塑造了社会评估和管理新兴技术方式的标准。然而，与创新者的困境一样，创新治理困境的框架结构也有着自身的缺陷。首先，技术评估是一种主要在国家层面开展的实践活动，这意味着评估倾向于反映国家预设的创新目的从而带有偏见，但技术评估本应促使人们客观审视科技对国家和国际安全方面所带来的威胁和机遇。其次，更民主的做法可能会促进对军事化行动的抵制，然而，这似乎又衍生了更加系统化的不安全感，特别是将自我意志凌驾于公众对国际安全的共同愿景之上的"民主"。最后，大多数技术评估方法都依赖于对新兴领域施加影响的能力，这是不合理的，由于该领域缺乏国际合作原则，对新兴技术的管控仍然是开发此项技术的国家的保留权力（尽管该技术可能引发全球性的下游效应）。在下一节中，我们将聚焦于创新所带来的全球不安全悖论，并从更多的角度对这些问题加以探讨。

全球不安全悖论

该悖论基于这样的担忧：创新是新技术的源泉，一方面促进了新技术的开发（不管出自何处、何人，为了何种目的，新技术总是在被开发出来），另一方面又给全球安全带来了不可预见的影响。这就产生了一种类似于"委托代理问题"的矛盾（译者注：在利益目标不一致、信息不对称的情况下，各方追求自身效用最大化所带来的矛盾冲突）：尽管事实越来越清楚地表明采取全球化的科技管控方法是通往国家安全的必由之路，但当前各国在应对全球安全形势的问题上总是以自己国家为中心。这种以自己国家为中心的安全理念反映了老牌大国的利益和价值观，并且与国家之间根深蒂固的权力斗争密不可分。与本书提到的其他悖论一样，技术创新与全球安全之间的矛盾已被人们熟知，然而，我们却看到当代各国更加普遍地将科技树立为军事安全和国家安全的根本。当前对这一问题的讨论主要是着眼于美国以及小部分欧洲国家在第三次"抵消战略"主导下所采取的行动（这是在情理之中的，因为美国和欧洲国家在民用技术和军事技术发展方面仍然是全球的领导者），不过，我们有必要开展更多工作，公正地研究其他国家是如何处理这些问题的。关键的挑战是在技术评估与治理领域达成共识，正如最近在致命性自主武器系统的讨论中所表明的那样，因为构成威胁的不仅仅是特定的技术，而是整个创新体系。例如，人们常说更高的公众透明度和问责制能够降低国家追求"不道德"科技的程度，但在独裁专制的国家中，这一点难以保证。当前对技术与安全问题的讨论也反映出这样一个事实，即自第二次世界大战结束以来已经出现了进行创新和科技管控的全球性机构。尽管国家层面的忧虑和更多的全球主义者的顾虑都引发了一系列明显的管控困境（如本节各小节所述），但这些困境往往只是被简单地提及并搁置，直到他们在某种情况下具体表现出来。而在不同情况下，人们对"科技"及其对国家利益和国际关系的影响有着不同的理解，这将导致不同的管理方法。

军备限制问题

军备限制问题的核心在于不安全感会推动武器的开发和囤积，武器的开发和囤积又会进一步加剧不安全感的产生。由此，各国陷入了支出持续增长，却看不到安全收益的恶性循环之中，这通常被称为"美元拍卖"问题。为此，各国都在寻求减缓竞争的方法，随之产生了以战略方法应对挑战的思维，强调基于客观事实的威胁认知，并提出了一系列针对不同干预点的战略[36]。军备限制的重点可能会放在同比削减上，正如冷战期间各国在核武器管控上所表现的那样。此外，也可能通过其他形式的条件约束（这在冲突后的局势中较为常见）、某些武器类别（如化学和生物战领域）的多边裁撤等方式对军备竞赛进行限制。

武器扩散问题

人们认为武器的发展和贸易对国家安全以及国际安全至关重要。然而，在不同历史时期，各国都将武器自由贸易视为对安全的威胁。为此，各国试图通过不向对手提供武器，并鼓励其他国家也这样做的方式，来保持对武器技术的控制权。目前已经制定了一些武器不扩散制度，它们通过一系列的单边和多边体系控制武器在国际市场上的流通，包括：①针对某种类型的武器，任何形式的开发、持有和扩散都被完全禁止；②仅有某些国家被公认拥有某些武器的所有权；③盟国之间可以进行武器交易，但对于某些特定的国家和特定的武器用途则进行交易控制。

技术多面性问题

科技的应用（包括有形科技以及隐性和显性的知识）既能带来利益，又会对安全构成挑战。科技可被各种各样的国家和机构用于各种各样的用途，这些用途对于国家利益来说可能是至关重要的，但是它们也可能会帮助到国家的"敌人"，从而对全球秩序构成威胁。因此，有必要对有形的、无形的，以及显性的、隐性的知识进行管控，以控制"用户"之间的技术交流以及技术在不同"用途"之间的切换。

国家实力不透明问题

各国均在大力扶持具有广泛用途的高新技术能力建设。在全面禁止生物武器、化学武器和核武器等武器的背景下，辨别和预测各国将如何利用此类能力尤其重要。然而，一些具有"两用性"的技术使得某些项目可以隐秘地进行，并保持了在民用与军用之间切换的能力（通常称为突破性潜力）。为降低被误解和受欺骗的风险，各国都在力图增加透明度，包括提高发现和界定本国内存在的技术滥用的能力，推动在国际间制定共同的行为标准并确保这些准则得到遵守（比如发展独立的核查体系）。

创新技术失控问题

全球化给各国带来了巨大的社会和经济效益，但同时也可能会削弱国家对创新和技术资源的控制能力。在民用领域发展的产业和生产力可能被许多参与者"重新利用"（以浑水摸鱼的方式用于多种目的），将其应用于某种秘密用途。这些参与者也可能与履行这些秘密职能的行业有着隐秘的关系，因此，我们在分析创新技术所带来的风险时面临重大挑战。以"僵尸网络"为例，黑客组织可以建立僵尸网络并利用它来发起网络攻击，但我们不知道其背后是否有某国的暗中支持。应对此问题的重点在于鼓励各国在本国内加强监管，在国际上加强多边合作，提高对非法行为的威慑、界定和反应能力，以防止将诸如此类的创新技术用于犯罪或敌对目的。此外，很显然，各国均关注到应防止由于竞争关系和集体疏忽而忽略了科学"既是共同的资源又是潜在的风险来源"。

总之，本章对创新安全悖论的不同表现形式进行了讨论。随着技术、战争和国际秩序的变化，当今一些主要的国家/国际安全对策似乎已经过时了，我们必须要开发新的、更加复杂且具有概括性的评价标准来对科技的发展进行评估和监管。虽然战争似乎依旧是残酷的，但更令人感叹的是战争变得越来越没有边界、不可回避且面目模糊。此外，在全球安全环境持续遭受冲击的背景下，现有的全球性机构的规范和制度架构正面临着前所未有的困境。在此情况下，国家和其他的行为主体开始寄希望于新兴的科学技术领域，既要发展科技、开拓科技视野，又要发展新的科技治理和监督形式。这些举措在一定范围（由既定的国家利益和制度化的决策及执行方法所界定的范围）内发挥了作用。但是，在武器控制系统更加成熟和先进的背景下，这种做法与当前越来越看重先发制人、全球化和人道主义等理念的安全观念产生了冲突，科技并没有像人们所期望的那样发挥积极作用，反而对制度化的安全构想带来了挑战。在国际人道主义法的框架下，更加重视发展技术评估机制就是对此种趋势的回应，包括：①更加重视审查科技进步在涉及化学、生物、太空、环境武器以及《联合国特定常规武器公约》所涵盖的武器系统等军备裁减政策方面的影响；②更加重视各国如何更好地履行《日内瓦公约1977年第一附加议定书》第三十六条所规定的义务，该条要求各国审查新的武器、战争手段和方法。这为创新困境的思考提供了一种具体的方式，即将普遍存在的"国家"和"国际"安全体系以及更广泛的全球治理"愿景"置于问题分析的中心。

这种方式也有其自身的局限性，因为它将普遍存在的"国家"和"国际"安全体系及这些体系所持的观点置于分析的中心，而忽略了这些体系涵盖范围之外的发展动态。我们常常被告诫，国家/国际安全问题扑朔迷离而又影响巨大，可能会使我们丧失判断力。采用国际安全体系的风险在于可能会使人们忽视科技是为维护安全秩序而产生的，转而热衷于将技术工具化。此外，它还忽略了创新的多能性，这种多能性已经在新兴领域得到了发展和表现，具体内容已在"创新者悖论"和"创新治理悖论"中进行了讨论。

参 考 文 献

1. This work has benefitted greatly from engagement from the ethical, philosophical and sociologial dimensions of these questions provided by: Brian Rappert, *Biotechnology, Security and the Search for Limits: An Inquiry into Research and Methods* (Basingstoke: Palgrave, 2007); Brian Rappert, *Experimental Secrets: International Security, Codes, and the Future of Research* (New York: University Press of America, 2009); Seumas Miller and Michael J. Selgelid, 'Ethical and Philosophical Consideration of the Dual-Use Dilemma in the Biological Sciences', *Science and Engineering Ethics* 13, no. 4 (December 2007): 523–80, https: //doi.org/10.1007/ s11948-007-9043-4; and Seumas Miller, *Dual Use Science and Technology, Ethics and Weapons of Mass Destruction* (Dordrecht: Springer, 2018). For an introduction to this issue, and in particular, the methodological challenges it raises for researchers, see Brian Rappert, *Biotechnology, Security and the Search for Limits: An Inquiry into Research and Methods* (Basingstoke: Palgrave, 2007).

2. Robert K. Merton, *The Sociology of Science: Theoretical and Empirical Investigations* (Chicago: University of Chicago Press, 1973).

3. Gabriel Abend, *The Moral Background: An Inquiry into the History of Business Ethics* (Princeton: Princeton University Press, 2014).

4. John Brock II, *Why the United States Must Adopt Lethal Autonomous Weapon Systems EBook: United States Army Command, United States Army School of Advanced Military Studies: Amazon.Co.Uk: Kindle Store* (Fort Belvoir: Defence Technical Information Center, 2017).

5. Scott D. Sagan, *The Limits of Safety: Organizations, Accidents and Nuclear Weapons*, New Edition (Princeton, NJ: Princeton University Press, 1995).

6. Daniel Ellsberg, *The Doomsday Machine: Confessions of a Nuclear War Planner* (New York, NY: Bloomsbury, 2017).

7. Dan Saxon, *International Humanitarian Law and the Changing Technology of War* (Boston: Martinus Nijhoff Publishers, 2013).

8. Thomas I. Faith, *Behind the Gas Mask: The U.S. Chemical Warfare Service in War and Peace* (Urbana: University of Illinois Press, 2014), 61, https: //muse. jhu.edu/book/35211.

9. Edward M. Spiers, 'Gas Disarmament in the 1920s: Hopes Confounded', *Journal of Strategic Studies* 29, no. 2 (1 April 2006): 281–300, https: //doi.org/10.1080/ 01402390600585092.

10. J. B. S. Haldane, *Callincus a Deffence of Chemical Warfare* (New York: E. P. Dutton, 1925); For further discussion, see Ulf Schmidt, Secret Science: *A Century of Poison Warfare and Human Experiments* (New York, NY: Oxford University Press, 2015), 61–62.

11. Sebastian Balfour, *Deadly Embrace: Morocco and the Road to the Spanish Civil War* (Oxford: Oxford University Press, 2002).

12. Lina Grip and John Hart, 'The Use of Chemical Weapons in the 1935–1936 Italo-Ethiopian War', in *SIPRI Arms Control and Non-Proliferation Programme* (SIPRI, 2009), 2, https: //www.sipri. org/sites/default/files/Italo-Ethiopian-war. pdf.

13. Lina Grip and John Hart, 3.

14. Deborah Haynes, '150 First World War Mustard Gas Bombs Found at Beauty Spot', *The Times*, 18 October 2017, https://www.thetimes.co.uk/article/150- first-world-war-mustard -gas-bombs-found-at-beautyspot-ttz7z99qm.

15. Wanglai Gao, 'China's Battle with Abandoned Chemical Weapons', *The RUSI Journal* 162, no. 4

(4 July 2017): 8–16, https: //doi.org/10.1080/03071847.2017. 1378408.

16. J. B. S. Haldane, 'Science and Future Warfare', *Royal United Services Institution Journal* 82, no. 528 (1 November 1937): 713–28, https: //doi.org/10.1080 /03071843709427314.

17. See, for example, Robin Black, 'Development, Historical Use and Properties of Chemical Warfare Agents', in *Chemical Warfare Toxicology* (2016), 1–28, https: //doi.org/10.1039/9781-782622413.

18. James M. Armitage et al., 'Environmental Fate and Dietary Exposures of Humans to TCDD as a Result of the Spraying of Agent Orange in Upland Forests of Vietnam', *Science of the Total Environment* 506–507 (15 February 2015): 621–30, https: //doi.org/10.1016/j.scito tenv.2014. 11.026.

19. Peter Williams and David Wallace, Unit 731: *Japan's Secret Biological Warfare in World War II* (New York: Free Press, 1989); Sheldon H.Harris, *Factories of Death: Japanese Biological Warfare*, *1932–1945, and the American Cover-Up* (New York: Psychology Press, 2002); and Jeanne Guillemin, Hidden Atrocities: *Japanese Germ Warfare and American Obstruction of Justice at the Tokyo Trial* (New York: Columbia University Press, 2017).

20. Mark Wheelis, Lajos Rozsa, and Malcolm Dando, *Deadly Cultures: Biological Weapons Since 1945* (Cambridge, MA: Harvard University Press, 2006).

21. W. Seth Carus, 'A Century of Biological-Weapons Programs (1915– 2015): Reviewing the Evidence', *The Nonproliferation Review* 24, no.1–2 (2 January 2017): 129–53, https: //doi.org/ 10.1080/10736700.2017.1385765.

22. See, for example, Brian Balmer, 'Killing 'Without the Distressing Preliminaries': Scientists' Defence of the British Biological Warfare Programme', *Minerva* 40, no. 1 (1 March 2002): 57–75, https: //doi.org/10.1023/A: 1015009613250.

23. Lentzos Filippa, *Biological Threats in the 21st Century: The Politics, People, Science and Historical Roots* (London: World Scientific, 2016), sec. III.

24. Dr. Armin Krishnan, *Killer Robots: Legality and Ethicality of Autonomous Weapons* (Farnham: Ashgate, 2013).

25. David Collingridge, *The Social Control of Technology* (New York: Palgrave Macmillan, 1981), 11.

26. On these contrasts, see Wolfgang Liebert and C. Schmidt, 'Collingridge's Dilemma and Technoscience', *Poiesis & Praxis* 7, no. 1–2 (1 June 2010): 55–71, https: //doi.org/10.1007 /s10202-010-0078-2.

27. Sheila Jasanoff, *States of Knowledge: The Co-Production of Science and the Social Order* (London: Routledge, 2004).

28. Jasanoff, *Designs on Nature*.

29. Jesse Ellman, Lisa Samp, and Gabriel Coll, 'Assessing the Third Offset Strategy', A Report of the CSIS International Security Programme(CSIS, March 2017), https: //csis-prod.s3.amazonaws. com/s3fs-public/publication/170302_Ellman_ThirdOffsetStrategySummary_Web.pdf?EXO1Gwj FU22_Bkd5A.nx.fJXTKRDKbVR.

30. Stephanie Carvin and Michael John Williams, *Law, Science, Liberalism, and the American Way of Warfare* (Cambridge: Cambridge University Press, 2014).

31. Ortwin Renn, Andreas Klinke, and Marjolein Asselt, 'Coping with Complexity, Uncertainty and Ambiguity in Risk Governance: A Synthesis', *AMBIO* 40 (3 February 2011): 231–46, https: //doi.org/10.1007/s13280-010-0134-0.

32. On this, see, for example, Kathleen M. Vogel, *Phantom Menace or Looming Danger? A New Framework for Assessing Bioweapons Threats* (Baltimore: Johns Hopkins University Press,

2012).

33. O. Renn, *Risk Governance: Coping with Uncertainty in a Complex World* (New York: Earthscan/ James & James, 2008), 48–51.

34. See, for example, DARPA's Innovation in Biotechnology Project, https: //www. darpa.mil/about-us/innovation-in-biotechnology.

35. See, for example, the US DOD's newly established Joint AI Centertific field of security concern.

36. Stuart Croft, *Strategies of Arms Control: A History and Typology* (Manchester, UK and New York: Manchester University Press, 1997).

3. 合成生物学：一个存在安全隐患的技术科学领域

摘要 本章对具有安全隐患的合成生物学领域进行了初步的介绍。合成生物学作为一个新兴的"技术科学"领域，其诞生和发展过程中充斥着过度炒作、概念混淆、管理机制不健全，以及国家间的政治权力斗争等问题。在本章中，作者认为合成生物学等具有技术两用性的领域不仅是保障政治安全需考量的核心问题，还从一定层面上影响国家安全方针的制定。该领域具有以下四个典型特征：①是一门学科范式；②是一个新兴的学术共同体；③是一个国家层面的科研方向；④是国家和国际关注的具有安全隐患的一个领域。

关键词 合成生物学；科学与技术研究；技术科学；设想

"合成生物学"一词在生物科学领域中有着悠久的历史[1]。自 21 世纪初，这个术语已经成为"科研团队"、"各种实践和认知目标"、"特定机构"和"基础技术"的代名词。合成生物学发展的历史及其所涵盖的领域范围一直都饱受争议，一方面是因为这个词始终是带有政治色彩的，另一方面是这个词总被用作系统生物学或整合生物学的简称。在接下来的章节中，我们将对合成生物学这个集创新和治理于一体的新兴技术领域的各个方面进行介绍。

合成生物学作为一门学科范式

"合成生物学"一词通常用于指代一种特定生物创新的科学范式，特别是工程原理在生物学领域的应用。在一些科学会议和科学论文中对合成生物学的描述都反映出了这一点[2]。合成生物学的愿景是设计、改造并最终创造生命，尽管这些愿景在该领域的前十年中有所发展，但并非是所有从事"合成生物学"相关项目的科学家都认同的愿景。当你参加合成生物学相关的学术会议时，你会遇到来自不同领域、不同国家的科学家，他们往往对合成生物学的展望，以及对理解和控制生物体及其控制过程的手段有着截然不同的看法，对其工作的主要目的和社会价值也有着不同的理解[3]。他们对这个领域的领导者所提出的宏伟设想的可行性和道德标准也有不同的看法。从技术角度对技术科学领域的范围加以区分，本质上来讲过于简单和随意；如果从基金资助和研究成果发表的角度对其加以区分，则更加贴合实际。

当然这些技术或研究领域的边界会随着该领域的成熟而不断被完善和重新划分。迄今为止，已经有许多方法被用来界定这个领域。在该领域发展的初期，美国兴起的一些大项目几乎都在不同的方面表现出相互对立的趋势，包括获得基金资助的方式（政府与私人），处理生物复杂性问题的方法（自下而上与自上而下），以及理解他们所研究的系统的未知生物学的方式等。随着该领域在美国境内的发展愈加成熟，合成生物学逐渐传向了欧洲并遍及全球，并出现了划分该领域的不同方法。到 2008 年，合成生物学已经被划分为三个主要的工作领域分支：基因回路构建、底盘细胞工程和合成基因组[4]。2009 年一份评论报告对该领域的分支进行了补充，包括非自然遗传编码的构建、异源生物蛋白的构建，以及合成微生物体的构建[5]，后一种方法的重点是如何创建出能够比单一菌种执行更复杂功能的工程微生物系统。

事实上，到 2014 年为止，英国基金委员会已划分出了六个子领域[6]。

- 代谢工程（metabolic engineering）：以可持续的化学方式对生物合成途径进行修饰以达到更高的复杂水平。
- 调节回路（regulatory circuit）：插入特性明确、模块化的人工网络，为细胞和生物体提供新的功能。
- 正交系统（orthogonal biosystem）：运用细胞工程扩展遗传密码，以开发新的信息存储和处理的能力（异种核酸）以及蛋白质工程。
- 生物纳米（bio-nanoscience）：为基于细胞或无细胞的机器人开发分子级马达和其他元件，以实现更为复杂的新功能。
- 最小基因组（minimal genome）：确定生命所需的最少细胞元件的数量，作为设计具有新功能的最小细胞工厂的基础。
- 底盘细胞（protocell）：使用可编程的化学设计来生产（半）合成细胞。

这些子领域的划分反映出该领域正在形成独特的国家级学科和体制格局。例如，继在美国兴起大型跨学科中心后，英国随后建立了自己的合成生物学中心。这也自然导致了英国在对该领域的定义方面出现了许多分歧，例如，涉及合成生物学与其他既定学科（如基因工程和系统生物学）之间的区别[7]。此外，从更具政策导向的角度来看，该领域还将根据其与现有监管体系之间的对应关系进行划分。例如，在欧洲随后对合成生物学领域的定义中就排除了底盘细胞的子领域，体现出欧洲与美国不同的政策导向[8]。

合成生物学作为一个新兴学术共同体

"合成生物学"一词也用于指代 21 世纪初期在美国声名鹊起的新兴学术共同

体[9]。创新者和决策者之间希望重新划分脑力劳动的范畴，便于树立起自身的品牌和目标，帮助他们在财务资源和人力资源方面展开竞争，旨在创建一个新的创新领域。这个学术共同体的起源可以追溯到 2001 年在麻省理工学院成立的一个跨学科研究小组。这个团队的成员包括基因工程学家德鲁·恩迪、计算机工程师托马斯·奈特和曾在计算机行业工作过的兰迪·雷特伯格。可见基因工程领域的发展推动了该学术共同体的诞生[10]。

这个合成生物学共同体包括一批毕业于哈佛医学院、麻省理工学院、加州大学伯克利分校、克雷格·文特尔研究所、加州理工学院、劳伦斯·伯克利国家实验室和约翰·霍普金斯大学的，拥有分子生物学、化学、计算机信息学背景的杰出科学家和技术人员。虽然这个学术共同体内也存在着意识形态上的分歧和竞争，但从基础技术发展方面与克服现有体制障碍方面来看，该团体中的每一位学者都在努力推动这个领域向前发展。这些早期的发起者虽然意见并不总是一致，但他们都明确指出，当前科技发展急需创建一种跨学科、工程驱动的生命科学研究的新方法，同时还需尽快突破当前美国项目基金资助和生物技术商业化所导致的生物技术创新壁垒。

合成生物学是一个国家与国际层面的工程

对新兴的合成生物学界的首次重大投资始于 2006 年，美国国家科学基金会（National Science Foundation，NSF）向加州大学伯克利分校的合成生物学工程研究中心（Synthetic Biology Engineering Research Center，Synberc）提供了长达 10 年的经费支持，每年资助金额为 500 万美元。随后，欧盟也迅速跟进，资助了 27 个跨国合作的合成生物学项目[11]。英国迅速成为该领域的第二大投资国，启动了许多"跨学科"的研究中心，以及学术界和产业界之间的合作计划[12]，据估算，英国在 2004～2012 年间对合成生物学相关项目的总投资金额超过了 6200 万英镑[13]。美国在初期的投资之后，又继续追加了大量投资经费。截至 2014 年底，美国政府已对合成生物学相关项目投资约 8.2 亿美元，国防部的投资额约占该领域总投资额的 67%[14]。在此期间，私人投资也对将这种合成生物学资助项目所建立起的技术能力和发展成果转化为工业应用起到了推波助澜的作用。截至 2015 年，已有约 100 种合成生物学制品上市或即将上市[15]。一份对全球前 50 强企业的评估报告称，仅 2017 年一年，该领域就获得了高达 17 亿美元的投资[16]。此外，一小部分对应用软件类的项目投资来自于"众筹"模式，而不是上述所提及的较为成熟的公共投资和私人投资模式，2013～2015 年，这种形式的投资总额共计近 60 万英镑[17]。

随着国际年度会议的召开，美国和欧洲对合作项目的资助，以及一些专门的全球性研究中心的建立，合成生物学领域也迅速走向国际化[18]。

世界各国对合成生物学领域存在着截然不同的看法[19]，这是各个国家的不同创新文化的产物，也是该领域的发起者通过将科学发展转化为现实应用的方式对该领域进行划分的自我意识作用下的产物[20]。合成生物学领域的开拓者从一开始就明白了愿景构建的重要性，他们试图阐明的不仅仅只是一个具体的愿景，而且还要找出可能影响该领域发展的更广泛的制度结构和驱动因素并提出相应的问题。这一点在美国反映得最为明确，例如在罗伯·卡尔森及其同事的研究中，他们对该领域所面临的一些情况进行了区分，指出美国在生物技术的基金资助和监管方面一直存在固有矛盾，提醒人们不要将该领域变成从其他领域照搬过来的现成创新模式[21]。

在合成生物学的早期，随着该领域的发展，出现了关于发展目标的观念竞争。这些不同的观念反映了这个新兴的学术共同体在国家资助的"重大科学"项目以及民营生物技术部门工作中所拥有的独到经验[22]。此外，20世纪90年代初大量科学家涌入该领域，他们带来的思想取代了以往所强调的开源方法价值观[23]。因此在这方面，将合成生物学确立为一个新的创新领域，也与在不同国家背景下如何建立创新新愿景密切相关[24]。

将合成生物学融入工业化发展的愿景，也与公众认可度和监管水平紧密相关。在美国和英国，新兴学术共同体处理这些问题的方式，代表了在涉及新领域的伦理、法律和社会问题的治理方面更为广泛的国家级规范制度。美国借鉴了科学自治的传统，认为在监管机制对该领域进行干预之前，科学家应该在积极建立伦理和安全准则方面充分发挥自己的作用。在合成生物学领域，阿西洛马人工智能原则的建立和启用有着内外两方面不同的作用。一方面，它涵盖了社会对伦理责任的目的和范围的期盼；另一方面，它可使公众放心，社会正在以负责任的方式来发展这一领域。它还将促使人们为潜在的实验室安全以及安全防范问题寻求技术解决方案，特别是与转基因生物环境释放相关的风险问题，包括开发"自杀开关"以及更多的正交生物系统[25]。

英国科学界在对合成生物学领域的治理方面（包括在先发制人的风险治理方面）发挥了重要作用。然而，这一作用仅局限于现行的涵盖转基因生物和实验室安全的监管体系[26]。此外很明显的是，这类工作主要是由研究资助者为解决公众对该领域的抵制问题而制定的，这反映了英国在新兴生物技术治理方面更为广泛的制度规范，尤其体现在转基因生物治理方面的经验[27]。

合成生物学是一个新兴的存在安全隐患的技术科学领域

在合成生物学发展早期，人们对该领域可能获得的成果和技术潜力深感担忧，这些担忧随后被广泛纳入合成生物学领域安全性评估、技术监管等活动举措之中，以开展合理管控。本节主要对该领域存在的安全隐患及应对方案进行了概述，同时也对合成生物学等新兴技术用于生物和化学恐怖主义活动的风险进行了评估。

不同国家的生物技术治理制度常有所不同。以美国和欧洲为例，合成生物学的发展常伴随着伦理学和新兴技术治理等相关机构的审查和参与。这些制度涉及不同的专业、法律和国际原则，有助于对包括安全隐患在内的相关潜在风险进行识别和管控，也有利于监管部门和民间人士在公开透明的前提下就热点领域进行全面了解。此外，伦理道德承诺也是合成生物学领域早期建设的一部分，随着学术领域变得更加成熟，更多国际化的培训和专业化的举措也逐渐形成，其中包括对安全管控和安全风险的强调。然而，由于该领域的从业者对军事化和扩散问题的认识有限，这对制定指导方针以管理相关研究可能导致的直接滥用问题，以及预测新技术可能引发的安全隐患是一个关键挑战[28]。另一个挑战在于，在国家和国际层面上，用于界定和评估民用生命科学研究所产生的某些类型的安全问题的公约仍在不断出现[29]。

在国家层面，情报系统内的专家机构对涉及合成生物学领域发展所产生的影响进行了专门的评估。主要侧重于使用传染病病原体作为大规模杀伤性武器和进行恐怖主义活动所构成的威胁。许多评估过程都是封闭进行的，但也有一些是开放性的，需要学术界和科学界的共同参与[30]。在美国，有人担心该领域的技术发展可能会使生物工程的成本更低、研发活动更隐蔽，甚至可能会降低生产某类生物武器所需的技术门槛，这一背景更加突显出了进行合成生物学领域威胁评估的重要性和必要性。目前不仅美国已对生物技术发展带来的挑战进行了科学评估，其他国家也正在积极开展技术评估以构建总体国家安全环境，同时合理应对科学和工业基础变革所带来的影响。通常，技术评估包括对新技术和技术重组用于武器研发的可能性评估[31]。因此，在结合相关情报后就可以查明已知和潜在对手的能力和意图。值得注意的是，随着信息化时代的发展，前沿生物技术普及率急速攀升，相关领域新闻报道、教学视频及公开发表的科技论著等均可为各国克服技术壁垒起到推波助澜的作用，从而推动传染性生物战剂或相关项目隐秘研究的进程。然而这些进展对生物恐怖主义产生不同影响的可能性，在很大程度上受到了西方核不扩散条约和情报专家的质疑[32]。近年来，关于合成生物学在研制已知毒素的影响方面，以及在基于天然病原体模板帮助发现新毒素的影响方面，都有着类似的讨论[33]。

在评估事态发展的潜在影响方面，以情报和技术为中心的评估给我们带来了重大挑战。其中包括这样一个事实，以前保密的国家项目是进行评估的重要信息来源。虽然不断有新的资料被挖掘出来，但显然公众甚至情报机构对这些历史项目的理解永远是片面的，特别是那些已经从人们记忆中消失的项目[34]。同样明显的是，虽然我们肯定可以从这些项目中学到很多东西，但从科技和安全环境的角度来看，其中许多项目自启动以来，世界已经发生了很大的变化。此外，过往的生化恐怖事件中只有一小部分可以根据历史项目或文献进行追踪溯源。关于涉及毒素和病原体的事件一直是本书所关注领域中的一个核心问题，其实际案例数量尚有一些争议，但自第二次世界大战结束以来，在现有文献中已确定的案例可能还不到 10 例，其中几个尚有争议[35]。如果我们将最近中毒事件的增加以及有人试图买卖蓖麻毒素和其他毒素等事件，纳入我们对生物恐怖主义定义的范畴，可能体现出的是文化意象（蓖麻毒素曾出现于美剧《绝命毒师》中的经典情节）和全球在线市场的影响，而不是技术进步的影响。

技术和社会等因素确实会对集团或国家寻求和使用生物或化学武器的决策产生一定影响[36]。在评估科技发展对消除重大隐性知识壁垒的影响方面，各国社会存在普遍分歧[37]。然而显而易见的是，对新兴技术的评估需要考虑到各种各样的变量，需要相当广泛的专业知识，并且需要持续不断地进行，以便考虑更多的增量和附带的技术发展，以及整个安全环境的变化。对新兴技术的评估也包括技术的可行性，这些技术可能会开启尘封已久的武器发展路线，或涉及将其应用作为相对落后的交付形式的一部分，这被称为潜在的"旧的冲击"[38]。

生化战争的历史也表明生化武器具有类似变色龙的特性，特别是针对人类及其生存环境所广泛使用的毒剂和病原体[39]。这表明武器系统可能开辟出了新的市场空间，以服务于包括经济破坏、获得媒体的关注和声望在内的一系列政治目的[40]。2018 年在英国索尔兹伯里发生的"诺维乔克"（Novichok）神经毒剂使用事件，为研究此类武器的恐怖和传播潜力提供了一个绝佳的案例。这些安全隐患将会持续推动各国对于生化武器威胁评估方案的重新调整，和对现有预案的重新审视，以期更好地阻止和应对此类攻击。

生化武器具有很强的适用性，可在各种情境中使用。然而，由于其具有多种与攻击效果直接相关的变量，因此在面对生化武器袭击的过程中具有许多值得关注的干预点。目前各国都将生化武器威胁识别提升至国家安全高度，并聚焦于开发克服病原体、毒素和其他毒剂武器化的共性技术等工作[41]。

该领域的政府咨询机构和科学组织对情报评估进行了补充审查，处理了一系列与生物技术相关的更传统的实验室安全和环境问题。此类审查还涉及安全问题，这反映了 21 世纪初期生命科学治理的大趋势[42]。这方面工作的关键在于设法对可能引起谬用的科学研究范围做出更明确的技术界定，并制定出有关的治理体系。在对国内治理体系和国际交流方面的评估，美国一直处于世界领先地位。在国内政策方面，美国一直在推动对生物技术创新相关的风险扩散作出更明确的定义。2003 年，美国国家研究委员会就这些问题发表了一份具有里程碑式意义的研究报告。该报告特别强调了七类具有重大潜力的涉及病原体和毒素的试验有利于生物武器研发[43]。作为此项报告进程的部分工作也为咨询委员会的设立奠定了基础，以帮助政府对这一问题制定出国家标准。美国国家生物安全科学咨询委员会（National Science Advisory Board for Biosecurity，NSABB）进一步明确了关注的范围，认为重点应放在"基于当前的理解，我们可以合情合理地预料到某些研究给出的知识、产品或技术，有可能会被他人直接滥用，从而对公共卫生、安全、农作物和其他植物、动物、环境或材料构成威胁"[44]。NSABB 还对涉及禽流感研究以及与合成生物学领域相关的具有严重军民两用性隐患的具体实验进行了一些评估。这些评估过程将对美国科学界伦理标准的制定造成一定影响。在随后的十年中，不同国家制定了各种类似问题的伦理标准[45]，并被纳入了国家级生物伦理评估中。例如，美国生物伦理问题研究总统委员会（Presidential Commission for the Study of Bioethical Issues，PCBI），这是一个在新兴生物技术治理方面提供权威专家意见的美国机构。在国际层面上，人们认为合成生物学领域对全球生物和化学武器禁止公约有一些潜在的影响。全球生物和化学武器禁止公约的核心是两个裁减军备的条约体系，它们的建立是为了确保不发展、不转让、不储存和不使用毒素和病原体作为战争的手段。第一个是 1972 年通过的《生物和毒素武器公约》，第二个是 1993 年通过的《禁止化学武器公约》。虽然这些公约源自不同的历史谈判，但在程序与机制、执行背景、管理方法，以及管理各自成员国之间关系的不同体制框架方面都基本相同[46]。《禁止化学武器公约》拥有一个规模可观的条约组织，秘书处约有 500 名工作人员，其核查工作（包括对相关研究和工业设施进行定期的现场核查）需要大部分工作人员的支持。《生物和毒素武器公约》与《禁止化学武器公约》形成了鲜明的对比，《生物和毒素武器公约》既没有核查系统，也没有类似的条约组织，其工作人员关注的是联合国在日内瓦的年度清理预算是否会超过该公约的预算金额。这些差异还反映在这些条约中科学和技术审查程序的范围、组织和所理解的职能方面。在既无核查系统也无条约组织的情况下，科技审查的职能不仅涉及重申这些条约明令禁止的全面性以确保不会对未来自然环境造成损害，而且还涉及这些条约所确立的一系列其他目标，包括有助于防止和减缓化学及生物武器攻击的影响。这些条约也在一系列旨在协调出口管制以及大规模杀伤性武器恐怖主义的其他多边进程和协定的背景下履行[47]。

　　同样明显的是，对生物技术可能被滥用的担忧也超出了毒素和病原体的范畴，延伸到了其他可能被恶意应用的领域。美国国家科学院最近进行的一项审查发现了几个额外的可能存在隐患的领域，包括：

　　改变人体的微生物菌群（modifying the human microbiome）：操纵生活在人身上或体内的部分微生物，例如，扰乱正常的微生物菌群功能或用于其他目的。

改变人体的免疫系统（modifying the human immune system）：操纵人体免疫系统的某些方面，例如，提升或降低免疫系统对特定病原体的反应，或刺激自身免疫。

改变人类基因组（modifying the human genome）：通过基因的添加、删除或修饰或通过改变基因表达的表观遗传变异来改变人类基因组。这其中的一个途径是通过对人类基因组进行修改，将某些类型的遗传因子整合到人类基因组中，使其在生殖过程中可以从父母传递给子女，并将随着时间的推移使这种遗传学改变在人群中传递开来。

除此之外，人们还对改变环境的武器感到担忧，这些针对植物和动物的武器可以通过消灭或改造整个生物物种来对生态系统造成不可逆转的破坏。它建立在农业战争和恐怖主义的悠久历史之上。例如，最近所谓的"基因驱动"技术假设可以将一种可遗传的基因性状传递到野生种群或微生物、动物和植物中，对该技术的讨论反映出人们对生态系统可能遭受的破坏感到担忧[48]。此外，到目前为止，虽然人类对合成生物学领域的担忧主要集中在利用该技术研制具有大规模杀伤效应的生物武器及其可能带来的威胁上，然而随着技术的发展，人们也开始逐渐关注利用该技术增强作战人员的战斗力[49]及其引发的伦理[50]和哲学[51]问题。

在后面的章节中将会对这些问题进行更加详细的论述。

参 考 文 献

1. L. Campos, 'That Was the Synthetic Biology That Was', in *Synthetic Biology: The Technoscience and Its Societal Consequences*, ed. M. Schmidt et al. (Berlin: Springer, 2009).

2. D. Endy, 'Foundations for Engineering Biology', *Nature* 438, no. 7067 (2005): 449–53.

3. See for example Evelyn Fox Keller, 'What Does Synthetic Biology Have to Do with Biology?', *BioSocieties* 4, no. 2 (1 September 2009): 291–302, https://doi.org/10.1017/S17458552099-90123.

4. Maureen A. O'Malley et al., 'Knowledge-Making Distinctions in Synthetic Biology', *BioEssays* 30, no. 1 (2008): 57–65, https://doi.org/10.1002/bies.20664.

5. Lam, Carolyn M. C., Miguel Godinho, and Vítor A. P. Martins. "An Introduction to Synthetic Biology." in *Synthetic Biology: The Technoscience and Its Societal Consequences*, ed. M. Schmidt, A. Kelle, A. Ganguli-Mitra, and H. de Vriend (Berlin: Springer 2009), 23–48.

6. BBSRC, 'Synthetic Biology ERA-NET—1st Joint Call', Accessed 15 December 2014, http://www.bbsrc.ac.uk/funding/opportunities/2013/era-synbio-call1.aspx.

7. J. Y. Zhang, C. Marris, and N. Rose, 'The Transnational Governance of Synthetic Biology Scientifc Uncertainty, Cross-Borderness and the "Art" of Governance', 2011, 6, http://royalsociety.org/uploadedFiles/Royal_Society/Policy_and_Influence/2011-05-20_RS_BIOS_Transnational_Governance.pdf.

8. Stefanie B. Seitz and Kristin Hagen, 'Inter- and Transdisciplinary Interfaces in Synthetic Biology', *NanoEthics* 10, no. 3 (1 December 2016): no. 1, https: //doi.org/10.1007/s11569-016-0277-y.

9. Stephen Hilgartner, 'Capturing the Imaginary: Vanguards, Visions, and the Synthetic Biology Revolution', in *Science and Democracy: Making Knowledge and Making Power in the Biosciences and Beyond*, ed. Stephen Hilgartner, Clark Miller, and Rob Hagendijk (Oxford: Routledge, 2015).

10. Sebastian Pfotenhauer and Sheila Jasanoff, 'Panacea or Diagnosis? Imaginaries of Innovation and the "MIT Model" in Three Political Cultures', *Social Studies of Science* 47, no. 6 (1 December 2017): 783–810, https: //doi.org/10.1177/0306312717706110.

11. OECD, *Emerging Policy Issues in Synthetic Biology* (London: OECD, 2014), 151–52, http: //www.keepeek.com/Digital-Asset-Management/oecd/science-and-technology/emerging-policy-issues-in-synthetic-biology_9789264208421-en.

12. Synbicite Initiative website, http: //synbicite.com/button-pages-sectionheader/applications/.

13. UK Synthetic Biology Roadmap Coordination Group, 'A Synthetic Biology Roadmap for the UK' (Swindon: Research Councils United Kingdom, 2012), 8, http: //www.rcuk.ac.uk/RCUK-prod/assets/documents/publications/SyntheticBiologyRoadmap.pdf.

14. Synthetic Biology Project and Wilson Center, 'U.S. Trends in Synthetic Biology Research Funding', 2015, http: //www.synbioproject.org/site/assets/fles/1386/fnal_web_print_sept2015.pdf.

15. Synthetic Biology Project and Wilson Center.

16. Calvin Schmidt, 'These Fifty Synthetic Biology Companies Raised $1.7B in 2017', *SynBioBeta* (blog), 3 January 2018, 50, https: //synbiobeta.com/news/ffty-synthetic-biology-companies-raised-1-7b-2017/.

17. Synthetic Biology Project and Wilson Center, 'U.S. Trends in Synthetic Biology Research Funding', 8.

18. OECD, 'The Bioeconomy to 2030: Designing the Policy Agenda', 2009, http: //www.oecd.org/futures/long-termtechnologicalsocietalchallenges/42837897.pdf; OECD, *Emerging Policy Issues in Synthetic Biology*; Pfotenhauer and Jasanoff, 'Panacea or Diagnosis?'

19. See for example OECD, *Emerging Policy Issues in Synthetic Biology*.

20. Pfotenhauer and Jasanoff, 'Panacea or Diagnosis?'

21. Stephen Aldrich, James Newcomb, and Robert Carlson, 'Scenarios for the Future of Synthetic Biology', *Industrial Biotechnology* 4 (March 2008): 39–49, https: //doi.org/10.1089/ind.2008.039.

22. Aldrich, Newcomb, and Carlson.

23. Arti Rai and James Boyle, 'Synthetic Biology: Caught between Property Rights, the Public Domain, and the Commons', *PLOS Biology* 5, no. 3 (13 March 2007): e58, https: //doi.org/10.1371/journal.pbio.0050058.

24. Pablo Schyfter and Jane Calvert, 'Intentions, Expectations and Institutions: Engineering the Future of Synthetic Biology in the USA and the UK', Science as Culture 24, no. 4 (2 October 2015): 359–83, https: //doi.org/10.1080/09505431.2015.1037827.

25. Markus Schmidt and Lei Pei, 'Improving Biocontainment with Synthetic Biology: Beyond Physical Containment', in *Hydrocarbon and Lipid Microbiology Protocols: Synthetic and Systems Biology—Tools*, ed. Terry J. McGenity, Kenneth N. Timmis, and Balbina Nogales, Springer Protocols Handbooks (Berlin, Heidelberg: Springer Berlin Heidelberg, 2016), 185–99, https: //doi.org/10.1007/8623_2015_90.

26. Emma Frow, 'From "Experiments of Concern" to "Groups of Concern": Constructing and

Containing Citizens in Synthetic Biology', *Science, Technology, & Human Values*, 25 October 2017, 0162243917735382, https: //doi.org/10.1177/0162243917735382.

27. Brett Edwards and Alexander Kelle, 'A Life Scientist, an Engineer and a Social Scientist Walk into a Lab: Challenges of Dual-Use Engagement and Education in Synthetic Biology', *Medicine, Confict and Survival* 28, no. 1 (2012): 5–18, https: //doi.org/10.1080/13623699.2012.658659; Andrew S. Balmer et al., 'Taking Roles in Interdisciplinary Collaborations: Refections on Working in Post-ELSI Spaces in the UK Synthetic Biology Community', *Science & Technology Studies*, 2015, https: //sciencetechnologystudies.journal.f/article/view/55340; and Claire Marris, 'The Construction of Imaginaries of the Public as a Threat to Synthetic Biology', *Science as Culture* 24, no. 1 (2 January 2015): 83–98, https: //doi.org/10.1080/09505431.2014.986320.

28. Alexander Kelle, 'Synthetic Biology and Biosecurity. From Low Levels of Awareness to a Comprehensive Strategy', *EMBO Reports* 10 (August 2009): S23–27, https: //doi.org/10.1038/embor.2009.119.

29. Anna Zmorzynska, et al., 'Unfnished Business: Efforts to Defne DualUse Research of Bioterrorism Concern', *Biosecurity and Bioterrorism: Biodefense Strategy, Practice, and Science* 9, no. 4 (December 2011): 372–78, https: //doi.org/10.1089/bsp.2011.0021.

30. See for example recent discussion of such processes by Kathleen M. Vogel and Michael A. Dennis, 'Tacit Knowledge, Secrecy, and Intelligence Assessments: STS Interventions by Two Participant Observers', *Science, Technology, & Human Values* 43, no. 5 (1 September 2018): 834–63, https: //doi.org/10.1177/0162243918754673.

31. An example of one such rubric in the public literature developed for this purpose is Jonathan B. Tucker and Richard Danzig, *Innovation, Dual Use, and Security: Managing the Risks of Emerging Biological and Chemical Technologies* (London: MIT Press, 2012).

32. J. B. Tucker, 'Could Terrorists Exploit Synthetic Biology?', 2011.

33. Scientifc Advisory Board, 'Convergence of Chemistry and Biology: Report of the Scientifc Advisory Board's Temporary Working Group' (The Hague: OPCW, 27 June 2014), http: //www.opcw.org/index.php?eID=dam_frontend_push&docID=17438.

34. Carus, 'A Century of Biological-Weapons Programs (1915–2015)'.

35. W. Seth Carus, 'The History of Biological Weapons Use: What We Know and What We Don't', *Health Security* 13, no. 4 (29 July 2015): 219–55, https: //doi.org/10.1089/hs.2014.0092.

36. James Revill, 'Past as Prologue? The Risk of Adoption of Chemical and Biological Weapons by Non-State Actors in the EU', European Journal of Risk Regulation 8, no. 4 (December 2017): 626–42, https: //doi.org/10.1017/err.2017.35; JP Zanders, 'Internal Dynamics of a Terrorist Entity Aquiring Biological and ChemIcal Weapons', in *Nuclear Terrorism: Countering the Threat*, ed. Brecht Volders and Tom Sauer (Oxford: Routledge, 2016).

37. Vogel, *Phantom Menace or Looming Danger?*

38. Revill, 'Past as Prologue?', 641.

39. Kai Ilchmann and James Revill, 'Chemical and Biological Weapons in the "New Wars"', *Science and Engineering Ethics* 20, no. 3 (September 2014): 753–67, https: //doi.org/10.1007/s11948-013-9479-7.

40. Revill, 'Past as Prologue?', 630.

41. Perhaps the most sophisticated look at this in the public domain remains Tucker and Danzig, *Innovation, Dual Use, and Security*.

42. Caitríona McLeish and Paul Nightingale, 'Biosecurity, Bioterrorism and the Governance of Science: The Increasing Convergence of Science and Security Policy', *Research Policy* 36, no. 10 (December 2007): 1635–654, https: //doi.org/10.1016/j.respol.2007.10.003.

43. The report defned experiments of concern as those that: (1) would demonstrate how to render a vaccine ineffective; (2) would confer resistance to therapeutically useful antibiotics or antiviral agents; (3) would enhance the virulence of a pathogen or render a non-pathogen virulent; (4) would increase transmissibility of a pathogen—this would include enhancing transmission within or between species; (5) would alter the host range of a pathogen; (6) would enable the evasion of diagnostic/detection modalities; (7) would enable the weaponisation of a biological agent or toxin.

44. NSABB, 'NSABB Draft Guidance Documents', 2006, https: //osp.od.nih.gov/wp-content/uploads/2013/12/NSABB%20Draft%20Guidance%20Documents.pdf.

45. Anna Zmorzynska et al., 'Unfnished Business: Efforts to Defne DualUse Research of Bioterrorism Concern', *Biosecurity and Bioterrorism: Biodefense Strategy, Practice, and Science* 9, no. 4 (December 2011): 372–78, https: //doi.org/10.1089/bsp.2011.0021.

46. See for example Ralf Trapp, 'Convergence at the Intersection of Chemistry and Biology-Implications for the Regime Prohibiting Chemical and Biological Weapons', Biochemical Security Project Paper Series (Bath: University of Bath, July 2014), http: //biochemsec2030.org/policy-outputs/.

47. See Alexander Kelle, *Prohibiting Chemical and Biological Weapons: Multilateral Regimes and Their Evolution* (Boulder, CO: Lynne Rienner Publishers, 2014).

48. Kenneth A. Oye et al., 'Regulating Gene Drives', Science 345, no. 6197(2014): 626–28.

49. David Malet, 'Captain America in International Relations: The Biotech Revolution in Military Affairs', *Defence Studies* 15, no. 4 (2 October 2015): 320–40, https: //doi.org/10.1080/14702436.2015.1113665.

50. Maxwell J. Mehlman and Tracy Yeheng Li, 'Ethical, Legal, Social, and Policy Issues in the Use of Genomic Technology by the U.S. Military', *Journal of Law and the Biosciences* 1, no. 3 (1 September 2014): 244–80, https: //doi.org/10.1093/jlb/lsu021.

51. Jai Galliott and Mianna Lotz, *Super Soldiers: The Ethical, Legal and Social Implications* (Oxford: Routledge, 2016).

4. 合成生物学及其创新困境

摘要　创新所带来的影响有利有弊，这让创新者和创新推动者陷入了在科技和伦理道德之间难以抉择的境地。尽管当前新兴技术创新学术团体正在努力制定和颁布伦理学规范。而当下，合成生物学等领域面临的关键问题主要来自于学界内外的竞争对其发展和价值体系规划带来的极大挑战。在本章中，我们对合成生物学领域建立初期的重大举措进行回顾和评价。

关键词　阿希洛马；负责任的研究与创新；生物安全；合成生物学

在美国，合成生物学领域的顶尖团队通常在有关合成生物学与国家安全问题的讨论中占据着绝对的主导地位，这也对该领域在全球范围内安全问题的相关讨论产生重要的指导意义。在合成生物学发展早期，与美国安全机构的交流以及在科学会议上针对安全问题的讨论有助于整个新兴学术团体提高对潜在安全隐患的认识。针对这些问题，一些以学术团体为重点的倡议出现。本章重点关注该学术团体在美国举办的前两次重要会议，并对如何帮助美国以及全球其他各国确定未来关于该领域的研究范围和相关政策进行了阐述。

德鲁·恩迪是合成生物学领域的重要奠基人，在麻省理工学院从事 DNA 合成研究工作。美国国家安全部门与该领域内的科学家接触颇为密切，2002～2003年期间，受美国国防部高级计划局委托，恩迪主持了针对合成生物学领域的安全隐患调查工作[1]，当时共有约 50 名科学家和专家被召集一同参与这项调查。调查结束后，恩迪向学术界分享了此次调查的相关信息，但这份调查报告最终并没有被正式公布（并非因其涉密）[2]。此次调查也是关于合成生物学领域存在的安全隐患，以及关于学术团体在解决这些隐患方面可能发挥作用的早期论述之一。

在这份早期调查报告中，与合成生物学领域相关的风险讨论主要集中在以下两个问题上。第一个是在最近的一项重大生物安全审查中已明确定义的"军民两用困境"[3]。这个"困境"主要是围绕着这样一个问题，即"任何有用的技术都可能因为被有意或无意地误用，从而对社会或个人造成损害"[4]。除此之外还包括"我们可能无法管控那些用于合成和调控生物系统的生物技术的发展和使用"[5]。恩迪将这个问题视为以下两种情况之间相互竞争的核心，一是科技能力失控的发展可能会导致对生物技术的滥用变得更容易、更快；二是开发操纵生物制剂的技术解决方案以及对生物技术军用（或生物威胁）形成检测、应对和减轻能力的挑战。有人指出"未来人类可能面临的生物威胁必然将因人类自身有意或无意地应用生物技术而日益增加。重要的是，当前生物威胁应对技术的发展进程和速度并不能很好的应对我们可能面临的生物威胁。我们正在对固定资产进行适当的开发和分配，以应对现有的、相对稳定的生物威胁。然而未来生物风险的数量规模会更为庞大，设计和影响范围会更加复杂，发展和部署的速度也需加快"[6]。恩迪还提出了用于评估应对这些紧急威胁的现有战略有效性的临时标准："①我们需要多少天才能发现一种新发传染病或新发病原体？②我们需要多少天才能弄清这种新发病原体的致病机制，以便我们在必要时做出响应？③采取应对措施后，我们需要多少天才能控制住突发情况？"[7]

美国在合成生物学界的飞速发展，被视为一股能够更加全面地应对生物威胁的重要力量。但与此同时，也有人指出："帮助快速应对新的生物威胁所需的新生技术也可以助长威胁本身。因此，应对未来生物风险的对策必须考虑到如何将科技与非科技方案最优地结合起来，以最大限度地减小未来生物风险来源的数量及其影响范围"[8]。

想要应对生物威胁，监管是必不可少的，但是监管措施的实行，不应妨碍美国对合成生物学或其他领域所导致的生物威胁响应能力的建设。因此，该报告还指出了应建立以研究团体为中心的保障措施，这种措施有利于减少合成生物学衍生领域的滥用问题，同时还能促进该领域进一步发展。有人指出：生物工程培训应同时包含专业进程和伦理准则学习，采用完善的知识架构以及便捷的实施方案培养下一代生物工程师，这将有助于扩大未来生物防御的战略人力资源储备[9]。此外，有人建议伦理委员会可以在 DNA 合成行业内协助其制订筛选标准[10]。

然而，关于如何处理该领域相关的安全隐患，特别是基因合成技术方面，业界内仍存在着不同的观点。早期分歧主要集中在自我管理的适当作用和限度上。为此哈佛医学院的首席科学家乔治·丘奇提出了一种治理基因合成技术相关问题的构想，正如他在一次采访中回忆到的那样：

"我对这种指数级发展的科技进行了紧密观察，我想也许安全应同时受制于创新及基础科技，并且在监管之下仍可以开展创新活动。大多数人都在谈论伦理学准则，但我认为那并不等同于正式的监管措施，如果主要目标是期望那些可能会无意或故意做出危险行为的人能够预料到他们的行为后果，那么监管才是最有效的办法。"[11]

在 2004 年初，丘奇提出了一系列广为流传的选择性建议[12]。建议指出："设立一个信息交流中心，并由国土安全部或联邦调查局的一个或多个部门负责进行监管"。文件中还提到，首先对于 DNA 序列应该通过筛选以排除其与特定生物制剂或病原体的相似性[13]，其次所有试剂和核酸序列的使用都应该做到自动追踪及问责（就像核武器管理那样）。丘奇还讨论了恐怖分子利用现代科学技术重新合成特定生物制剂的可能性，这种对试剂和序列等材料集中管理的要求，与目前合成生物学领域开放分散的发展趋势大相径庭。

在一个月后举行的首届合成生物学会议上，以上这些观点被充分讨论[14]。恩迪的长期合作者，技术专家罗布·卡尔森在会议报告中还指出：

> 在这个领域里，我不是第一次听到对科学家发放许可证以及严格控制技术和试剂分配的建议。但这些举措可能无效，更糟糕的是，它们会逐步灌输给我们一种虚假的安全感[15]。

在以上这些新兴观点涌现的初期，人们并没有给出具体的回应，但它们的出现为合成生物学领域的早期讨论主题奠定了框架基础。这些早期的讨论和倡议也逐步确立了合成生物学领域内的专家和评论员在公共讨论中的核心地位。2005 年 11 月，当《新科学家》杂志对美国的行业筛查做法进行曝光后，合成生物学界在短短几天内就进行了回应。恩迪在随后的一篇社论中宣称："他的实验室只会与那些在潜在生物武器筛选方面基因合成序列操作规程公开透明的公司展开合作。如果其他研究人员也这样做，不再是只根据成本或交货速度下订单，那么整个行业都将采用更严格的标准。"[16]

2006 年伯克利大学化学系的教授杰伊·凯斯林主持了一个关于合成生物学研究中心的全新合作竞标项目。美国国家科学基金会对这个项目很感兴趣，但它通知凯斯林，基金的资助力度将取决于该项目所涉及的合成生物学领域的安全隐患程度[17]。为此，同样来自伯克利大学的律师兼学者斯蒂芬·莫勒被邀请担任伦理负责人而加入了该项目组。莫勒长期关注创新、国家安全以及学术界自治等话题。莫勒的首要任务是具体化监管应该如何展开，因为资助者对需求的定义很模糊。因此，他的早期工作主要聚焦于监管系统的发展，以及通过民主协商达成的学术界通用标准[18]。

莫勒最初获得了由纽约卡内基基金会（Carnegie Corporation of New York）和麦克阿瑟基金会（MacArthur Foundation）合作项目的资金资助，该项目旨在研究和促进全球合成生物学界在人们所关注问题上采取相应的行动措施。这个研究项目在合成生物学第二次大会（2006 年举办）上进行投票表决，该项目包含了专家访谈、与其他事业单位和工作组之间的协调配合，以及两届公开会议。在大会召开的几个月前，会务组收到了一份涵盖一系列政策的报告，希望科学界能够在即将召开的会议上予以采纳，其中包括：

> 合成生物学家对生物研究安全性/生物安全问题有着深刻的理解，并且在某些

情况下，他们就我们能够且应该做些什么来处理生物安全相关的问题正在达成共识。通过学术界自治，许多方案都可以得到贯彻落实，而无需外界因素的干预[19]。

并进一步指出：

相对于外部实体的规章、立法、条约，以及其他干预措施来说，学术界自治是一种切实可行且强有力的补充或替代方案[20]。

这份报告还信心十足地向那些关注政策提案的人保证，这些提案旨在通过访谈形式，了解"成员们相信什么、想要什么，以及准备投票支持什么"，是科学界相互协商的结果，并且这些提案是基于"双方达成一致"的条件下产生的[21]。

原计划的投票在合成生物学第二次会议上举行，并让学术界内的科学家们参与其中。这项提案决议适用于解决多核苷酸合成技术，它坚决主张学术界只与那些具有相关资质的公司合作，要求公司在规定日期之前采用最佳的筛选方案，期间通过邀请科学家参与其筛查研究，以进一步促进方法最优化。这项提案还提出了将合成生物学界列为军民两用技术管理专家以及安全策略执行部门的人文社会学研究领域。例如，报告指出：

经过连续 6 年反复不断的讨论，合成生物学家对生物研究安全性/生物安全风险以及降低这些风险的可行政策手段都有了充分的了解[22]。

然而，各种因素导致了这项举措事与愿违。来自于合成生物学工程研究中心项目的内部因素是其他项目研究人员之间的私下讨论，这导致莫勒的提案"在最后一刻被凯斯林和他的同事们否决了"[23]。莫勒认为组织成员之所以否决了这项议程提案，有以下几个原因：

有些人需要更多时间来思考是否可以接受。其他人则担心，会议在举行投票前需要先立法，否则表决可能会产生分歧。一些与会者出于对激进分子强烈反对的意愿而犹豫不决[24]。

以欧洲贸易委员会为首的激进分子公开批判了莫勒团队提出的"阿西洛马式的方法"。他们认为"阿西洛马式的方法"在首次被采纳的时候就是错误的，现在看来依然是一种错误。他们在发给与会者的一封公开信中指出，在做出此类决定之前，有必要与全球社会团体展开进一步的接触。他们还认为对社会经济、文化、健康和环境影响的评估不应仅仅局限于对现存的滥用问题的关注，而且不能只依赖科学家们独自对这些影响进行评估和控制[25]。

莫勒在最近出版的一本关于探讨自治主动性原则的书中也描述了这一决策的内部政治原因。莫勒回忆道：在会议召开的前几天，德鲁·恩迪突然要求取消投票，并说道：

凯斯林和几位非生物学背景的政策专家立即召开会议进行讨论，并最终达成了一致意见。尽管恩迪从未解释过原因，但其他与会者则表示由于投票缺乏相关宪法的授权，因此可能会引发公众关注、政府审查，甚至导致学术界的分裂[26]。

伯克利项目未能实现其最初目标的另一个原因是，在合成生物学第二次会议之后，由斯隆基金资助的涉及针对联邦监管选择权的克雷格·文特尔研究所的项目取代了伯克利项目[27]。不论原因如何，合成生物学第二次会议都没有在业界内对生物安全行动的实施进行投票。在合成生物学第三次和第四次会议期间，诸如欧洲贸易委员会等民间社会团体的合并事件，基本上阻止了今后采取任何此类行动的可能性，投票行动的失败也降低了人们对随后会议召开的期望[28]。然而，尽管该项目并未实现其主要目标，但无论是在美国还是在国际层面上，这项工作对合成生物学界的安全隐患问题的探讨和应对起到了关键作用。

事实上，在合成生物学领域发展的初期，它被越来越多地视为一个新兴的且具有伦理学敏感性的学术团体。随着该领域的兴起，学术带头人表达了规划一个合法范围来制定相关安全政策的愿望，他们鼓励 DNA 合成行业针对客户和特殊订单，制订并采取安全筛查措施，这促成了美国和欧洲标准的出现以及美国联邦政策的最终制定[29]。在这种情况下，合成生物学界的话语权就很重要了，这不仅是因为该领域的学术带头人的公众形象正不断上升，而且也是因为这个学术团体是这个行业内的主要客户。

此外，这些早期的努力推动了实验室风险评估和研究伦理学方面新观点和新做法的出现，并产生了全球性的影响，这在该领域主持设立的年度国际基因工程机器大赛（International Genetically Engineered Machine Competition，iGEM）中得到了充分体现。iGEM 的主要内容是暑假期间在大学实验室工作的本科生以及研究生使用部分已授权的生物组件设计并建造新的生物系统。这项比赛最初只是全美范围内的学生竞赛，第一届竞赛于 2004 年举办，共有 5 支参赛队参加。在接下来的十年中，竞赛规模不断壮大，截至 2017 年，共有来自世界各地的 300 多支队伍参加比赛。竞赛十分注重生物研究的安全性，并反映在比赛规则的设置、项目计划集中审查的方式，以及该领域所取得的创新奖项中。例如，2017 年本科生人类实践奖被授予了一个致力于研究定向进化技术的团队，该团队开发了一种旨在发现潜在的安全隐患问题的数据输入扫描工具。

合成生物学界的早期提案将安全保障培训纳入到了合成生物学界的建设体系中，这推动了关于生物安全的全球化大讨论，并渗透到该领域的研究工作。由相关领域的科学家和社会学家所发起的一些倡议，也纳入到裁军谈判会议的提案中。例如在合成生物学工程研究中心（Synthetic Biology Engineering Research Centre，Synberc）和 iGEM 的主持下所开展的工作，都反映出了进一步推动国际化大讨论的趋势，其中包括在联合国会议上的技术演示等[30]。此外，许多获得赞助的 iGEM 的参赛队也出席了裁军会议。

合成生物学界的科学家们还大力呼吁，认为有必要对工业应用中相关安全问题的技术解决方案的研究予以支持[31]。此外，科学家们还有助于调和伦理学与该领域科研项目之间可能出现的矛盾关系，以及缓和业界与整个国内监管环境之间的关系。

关 键 挑 战

合成生物学存在的安全隐患，引起了对该领域的各种担心。一些人认为，公众和决策者对该领域没必要过分担心，相反，要为这个领域的发展提供更多保护。其他人则认为我们有必要思考如何才能最好地利用该领域为公众利益服务，为做好知识普及采取更加积极主动的教育方式，同时寻求整个社会和监管机构能够更多地参与他们早年间所制订的那些决策中。这些决策可被归纳为自 20 世纪 80 年代后期开始出现的公众参与的整个科学化规范，以及自当代科学和职业道德方法中诞生出的更为进步的科学公民观。然而，除了上述这些担心之外，还有些隐患更加抽象且更加令人不安，无法通过学术团体解决[32]。

后一种焦虑与关于某种特定的隐患是否需要彻底背离风险治理规范的广泛质疑相关，比如在丘奇的提案中就提到了这一点。这些早期讨论的关键特征在于提出了两个相互关联却又截然不同的问题。首先是需要建立科学研究和风险评估的规范，其次是营造能够驾驭新兴领域的整个政治环境。

然而，完成上述关键任务所面临的关键挑战在于，该领域相关的人员行为能够轻而易举地引发公众的关注，这种现象在该领域的成立之初尤为明显。这不仅仅是因为该领域主要通过雄心勃勃的愿景与公众进行沟通交流，而且还因为这些早期的交流讨论通常是在未经官方审查下进行的，这就需要进一步明确和细化人们关注的围绕着合成生物学领域的相关问题。从长远的角度看，这意味着合成生物学领域不仅要面对那些心存顾虑的科学家们的反驳或者某些荒谬的专业利益竞争，而且还要面对那些关注合成生物学领域的民间社会团体及随之而来的媒体。因此，在早期关于合成生物学的讨论中，该领域的未来发展长期处于一种谨小慎微的状态，这一现象在美国和欧洲的基因工程和当代技术科学领域都广泛存在。在美国，焦虑主要表现为基于生物恐怖的安全隐患所引发的公众的强烈反对，而在欧洲，焦虑则主要表现为公众对自身安全保障问题所引发的强烈反对。正如欧洲一名该领域内的科技研究学者克莱尔·马里斯的工作经历所描述的那样：

公众对合成生物学的恐惧一直都是推动其发展的动力……在这些讨论中，避免重蹈"通用汽车"的覆辙作为一个重要目标而经常被提及，同时大家都认为争议未必是一件坏事[33]。

此外，通过举办 iGEM，我们在培养年轻科学家方面取得了成功经验，但业界内部仍在不断的讨论，以确定其未来十年的发展方向。不管是在该领域早期安全隐患及防控方面的争论中，还是在关于该领域拟采用的创新模式的争论中，都反映了这一点[34]。早期，合成生物学界对自身的定义与许多组织的原则背道而驰，而这些原则恰恰在以前大国资助的生物技术项目中占据主导地位。批判性科技研究学者的参与展示出了同样激进的治理构想。不过随着该领域的发展，更加成熟的创新观点和方法发挥着越来越重要的作用。例如在 2017 年新加坡举行的一次大型的合成生物学会议上，同时涵盖了自然科学家、社会科学家、政府出资者以及业界的发声就体现出了这一点[35]。本次会议的主要赞助商是由著名的行业预言家兰德尔·C. 柯克担任董事长的生物技术公司 Intrexon。兰德尔·C. 柯克以个人身份在大会上作了一篇酣畅淋漓的主题发言，其内容主要包括：①关于正在开发的重点关注农业和卫生领域的新兴应用技术发展现状；②该领域在获取投资以及应对全球监管环境方面所面临的挑战。他的发言还对一直饱受民间社会团体热议的相关工作展开了探讨。与合成生物学界一样，本次发言的目的在于确定 Intrexon 在投资方式、产品开发和市场准入方面的问题，以及它如何通过占据市场领导地位从而引起社会关注 [36]。然而许多企业精神在某些方面仍然与整个科学界格格不入。大会主席德鲁·恩迪和马修·张的致辞重点强调了以下三个方向内容[37]。第一，在取得重大进展之后，我们需要对该领域的科技目标提出新的设定。第二，我们需要考虑如何应对生物多样性的丧失以及其他环境压力所带来的挑战。第三，继续建设一个全球协作的、开放性的学术团体，使世界变得更加美好。来自爱丁堡大学的社会科学家简·卡尔弗特在合成生物学领域工作有 10 年以上经验，后续会议期间，他指出：合成生物学领域的创新空间正在被逐渐压缩，而其成功标准正在逐渐向商业利益靠拢[38]。这些新兴科技界渴望改变他们所处的大环境（包括自然科学家与嵌入式社会科学家之间的关系）相关的问题，我们将在下一章中进行更加深入的探讨。

参考文献

1. Drew endy, '2003 Sythetic Biology Study' https: //dspace.mit. edu/handle /1721.1/38455.
2. Drew Endy, 'Strategy for Biological Risk & Security', 2003, https: //dspace.mit.edu/bitstream/ handle/1721.1/30595/BioRisk.v2.pdf?sequence=1; Drew Endy, '2003 Synthetic Biology Study', 14 August 2007, Dspace@MIT, https: //dspace.mit.edu/handle/1721.1 /38455.
3. National Research Council, *Biotechnology Research in an Age of Terrorism* (Washington, DC: The National Academies Press, 2004).
4. Endy, 'Strategy for Biological Risk & Security', 2.
5. Endy, 2.
6. Endy, 3.
7. Endy, 'Strategy for Biological Risk & Security'; Drew Endy, '2003 Synthetic Biology Study'.
8. Endy, 'Strategy for Biological Risk & Security', 5.
9. Endy, 5.
10. Endy, 5.
11. Interview with author, 2011.
12. G. Church, *A Synthetic Biohazard Non-Proliferation Proposal* (May, 2004).
13. Oligos are short chains of single stranded DNA molecules (or RNA) which are short (less than 200bp) and have a range of applications within research.
14. Held in Cambridge, MA 2004.
15. Robert Carlson, 'Synthetic Biology 1.0', *Future Brief*, 2005, http: //www.futurebrief.com/ robertcarlsonbio001.asp.
16. New Scientist, 'Editorial: The Peril of Genes for Sale|New Scientist', 9 November 2005, https: //www.newscientist.com/article/mg18825252-000-editorial-the-peril-of-genes-for-sale/.
17. Paul Rabinow and Gaymon Bennett, Designing Human Practices: *An Experiment With Synthetic Biology* (Chicago: University of Chicago Press, 2012), 15.
18. Rabinow and Bennett, 16.
19. S. M. Maurer, K. V. Lucas, and S. Terrell, 'From Understanding to Action: Community- Based Options for Improving Safety and Security in Synthetic Biology', *University of California, Berkeley*. Draft 1 (2006): 1.
20. Maurer, Lucas, and Terrell, 4.
21. Maurer, Lucas, and Terrell, 5.
22. Maurer, Lucas, and Terrell, 25.
23. Rabinow and Bennett, *Designing Human Practices*, 18.
24. S. M. Maurer and L. Zoloth, 'Synthesizing Biosecurity', *Bulletin of the Atomic Scientists*, 2007, 18.
25. ETC Group, 'Backgrounder: Open Letter on Synthetic Biology', ETC Group, 23 May 2006, http: //www.etcgroup.org/content/backgrounder-open-letter-synthetic-biology.
26. Stephen M. Maurer, *Self-Governance in Science: Community-Based Strategies for Managing Dangerous Knowledge* (Cambridge: Cambridge University Press, 2017), 116.
27. Stephen M. Maurer, 'End of the Beginning or Beginning of the End? Synthetic Biology's Stalled Security Agenda and the Prospects for Restarting It', *Valparaiso University Law Review* 45, no. 4 (19 September 2011): 1198–199.
28. Maurer, *Self-Governance in Science*, sec. 5.3.

29. See, for example, Maurer, 'End of the Beginning or Beginning of the End?'; 'Screening Framework Guidance for Providers of Synthetic Double-Stranded DNA', *Biotechnology Law Report 30* (April 2011): 243–57, https: //doi.org/10.1089/blr.2011.9969.

30. Kenneth A. Oye, 'On Regulating Gene Drives: A New Technology for Engineering Populations in the Wild' (6 August 2014).

31. Gautam Mukunda, Kenneth A. Oye, and Scott C. Mohr, 'What Rough Beast? Synthetic Biology, Uncertainty, and the Future of Biosecurity', *Politics and the Life Sciences* 28, no. 2 (2009): 2–26.

32. Sam Weiss Evans and Megan J. Palmer, 'Anomaly Handling and the Politics of Gene Drives', *Journal of Responsible Innovation*, 2017, 1–20; Claire Marris, Catherine Jefferson, and Filippa Lentzos, 'Negotiating the Dynamics of Uncomfortable Knowledge: The Case of Dual Use and Synthetic Biology', *Biosocieties* 9, no. 4 (November 2014): 393–420, https: //doi.org/10.1057/biosoc.2014.32.

33. Claire Marris, 'The Construction of Imaginaries of the Public as a Threat to Synthetic Biology', *Science as Culture* 24, no. 1 (2 January 2015): 83–98, https: //doi.org/10.1080/09505431.2014.986320.

34. Stephen Aldrich, James Newcomb, and Robert Carlson, 'Scenarios for the Future of Synthetic Biology', *Industrial Biotechnology* 4 (March 2008): 39–49, https: //doi.org/10.1089/ind.2008.039.

35. SB 7.0 held the 13 June, 2017–16 June, 2017 at the National University of Singapore, Singapore.

36. See for example: http: //www.etcgroup.org/issues/synthetic-biology.

37. Drew Endy and Matthew Chang, 'SB 7.0 Program Welcome & Charge' (13 June 2017), https: //vimeopro.com/vcube/synbiobetasingapore/download/221375173.

38. Jane Calvert, 'Session 3: Art, Critique, Design and Our World' (14 June 2017), https: //vimeopro.com/vcube/synbiobetasingapore.

5. 合成生物学与其创新管理所面临的困境

摘要 建设、发展与维护创新体系为保持社会安全稳定做出了巨大贡献。与此同时，创新本身也会产生一定的不安全因素，这也导致了合成生物学领域创新在开发应用与安全防范方面之间的矛盾。为此，世界各国充分考虑本国文化背景及特色，采取了不同的应对策略。目前全球合成生物学领域所面临的一项关键性困境在于，其面临的问题往往超出了专家们现有知识体系和风险管控的认知水平。在本章中，我们将对现有新兴科学技术的安全隐患预防性干预举措进行详细阐述和评估。

关键词 新兴科学技术；想象力；预见性安全治理；核武器裁减

合成生物学发展早期，相关领域及该领域领头学术团体内部对其安全问题的思辨大力促进了合成生物学领域安全问题及相关措施的研究。本章将从更深层次对这些早期行动举措进行分析，从而探究建立和发展该领域作为国家和国际项目的渐进式和更激进的前景愿景。这些设想不但涉及该领域最终可能产生的潜在风险和收益，同时还涉及该领域未来的发展方式和走向。需要特别指出的是，合成生物学领域专业人员也在早期设想中，对该领域合理安全的创新空间和理应接受社会监管等事项进行了允诺[1]。这些关于合成生物学领域安全隐患及应对措施的设想，从一定程度上构成了该领域在当代技术科学领域背景下面临的受控困境，该理论最初由科林格奇提出。

本章我们主要对美国和英国围绕合成生物学领域安全隐患进行评估的关键举措进行研究。美英两国在早期开展合成生物学安全隐患评估时，均主要任命该领域学术研究团体为监管人，对超出现有风险管理系统范围的行为进行识别和应对。根据不同国家的政策，其评估准则有所不同。例如，美国主要根据生物伦理问题研究总统委员会（Presidential Commission for the Study of Bioethical Issues，PCBI）的建议执行监管，英国则主要参照为该领域发展所制定且会随着该领域发展不断完善的创新战略进行监管[2]。

在合成生物学领域发展初期，相关专家始终在为该领域可能对美国国家安全带来的影响（例如，合成生物学用于生物恐怖主义）进行分析和评估，以期达成领域内共识。然而，美国研究人员的声明和媒体的大肆报道，共同引发了人们对该领域的广泛担忧。其中某些担忧并不是空穴来风，而是出于对一些正在进行中的具体项目可能带来的隐患的切实担忧。与此同时，合成生物学在美国生物技术监管大讨论中迅速占据了一席之地。21世纪初，生化武器专家就曾设想过各种可能发生的生物恐怖事件场景，并对生物和化学武器的国际管制制度发展所产生的影响表示了担忧[3]。上述这些围绕合成生物学展开的讨论不仅反映了美国对生物恐怖主义的关注，同时也反映了美国对生物防御、国土安全和实验室安全领域方面的关注，以及在军民两用研究议题方面的政策发展走向[4]。在这样的背景下，我们急需采取一些方案力求对合成生物学科研领域可能具有的风险达成共识。这些方案的核心内容包括：明确合成生物学可能带来的风险问题，划定该领域合适的科研涉足范围，制定并颁布新的风险评估指标。

自2005年起，阿尔弗雷德·斯隆基金会资助了大量合成生物学早期研究，总额高达1000万美金[5]。该基金资助的项目大多都对合成生物学开展了深入研究，同时还鼓励生物领域及相关学科学术团体针对合成生物学开展持续性研究。值得一提的是，德鲁·恩迪对该领域未来的展望巩固了相关学科与合成生物学之间的从属关系。为了加深对该领域安全风险相关技术的理解，斯隆基金会还资助了一些旨在评估该领域发展所产生的社会影响的早期研究项目。其中最重要的安全隐患评估研究项目就是由克雷格·文尔特研究所主持并完成的，该中心自1999年6月以来就一直致力于解决与"人造细胞"相关隐患的研究[6]，其核心成果《合成基因组学：管理方案》(*Synthetic Genomics: Options for Governance*)研究报告于2007年发布。由于亟需各行业的专家参与该领域研究以促进学术界能够持续关注该领域的安全隐患，在该基金会的支持下，美国国家科学院于2012年成立了一个合成生物学论坛，并在全美境内已经举办了多次会议，探讨与合成生物学领域相关的科学、技术、道德、法律、监管、安全以及其他政策问题。同时，伍德罗·威尔逊国际中心(Woodrow Wilson International Centre)还为多项研究工作的顺利开展提供了便利与支持，主要包括风险识别，现有监管机制评估，以及对决策者、记者和公众进行有关合成生物学知识的科普。此外，该项目还对在合成生物学重要学术会议上针对该领域发展可能带来的社会影响展开讨论给予了一定支持。斯隆基金会于2014年结束了资助，但是余下的经费依旧被用来成立合成生物学卓越领导力加速项目(Leadership Excellence Accelerator Program，LEAP)，继续为学术界和产业界的科学家们提供伦理、法律和社会问题方面的培训指导。

除此之外，美国还通过在重大研究项目中纳入伦理内容使得相关研究引申出的社会问题也能够得以研究和解决，其中最著名的例子就是由美国国家科学基金会资助的合成生物学工程研究中心项目。当美国国家科学基金会资助这个项目时曾要求必须将一定比例的资金用于解决此项目所产生的社会影响。该项规定意味着，科研人员在科研项目开展过程中应及时建立科研活动与道德规范、伦理、法律以及社会问题和人类活动的关系要点，相关研究成果则提供了一系列对实验室安全与防护以及国家相关政策制定具有直接促进作用的举措。这些早期资助项目不仅产出了一系列的理论成果，协助组建了一个专家库，还为美国和国际上的评估活动提供了理论支持。其中成果最为显著的项目包括国家生物安全科学咨询委员会（National Science Advisory Board for Biosecurity，NSABB）[7]和生物伦理问题研究总统委员会（PCBI）[8]主持开展的一系列工作。

虽然上述早期工作在本质上都是以美国为中心而展开的，但相关经验和举措对那些正在开展类似国家级合成生物学项目的其他国家也产生了实质性的影响，例如，美国和英国政府之间就因为新兴生物技术发展项目及管理措施等相关问题产生了一定的联系。这也就意味着，随着美国对合成生物学领域可能产生的安全隐患的日渐担忧，欧洲也开始对基因工程等技术可能产生的安全和伦理问题展开了讨论。例如，欧盟在 2005 年的一份政府高层报告中指出：新兴领域存在的滥用问题明显增加，文件中关于新兴领域潜在风险描述的部分内容引发了人们的广泛讨论[9]。人们对合成生物学领域安全问题的担忧在早期也有体现，例如，由欧盟第六框架计划资助的一项为期两年的名为 SynbioSafe（合成生物安全）的项目就主要对合成生物学项目的安全及伦理方面进行了相关审查[10]。

在早期欧洲合成生物学领域伦理问题及社会影响的评论中也体现了美国对合成生物学安全隐患的担忧和学术界早期提出的相关安全防御措施和办法[11]。早年间，英国作为欧盟合成生物学领域投资的最大出资者，主要以交叉研究理事会的形式资助了七个跨学科研究网络项目。这些资助还包括为项目中的与伦理、法律和社会问题相关的研究提供资金支持，从而为提升公众和相关领域专家对合成生物学及其安全隐患的重视程度打下一定基础。总的来说，安全问题成为基因工程研究的安全性、伦理问题和环境影响问题之外的又一新问题[12]。

下一节内容将主要聚焦于对尝试达成合成生物学领域安全隐患的共识、构建一个能够有效解决或避免该领域安全隐患的管理体系以及如何开拓合成生物学领域研究视野等措施所面临的挑战进行阐述。同时还提出，科学先驱者将成为上述过程中的核心力量。

关 键 挑 战

在合成生物学领域发展早期，美国首先建立了一个宽松的专家评审网络体系，用以对该领域进行预评估，从而确立合成生物学可能引发的问题框架，并对其发展过程中可能出现的潜在安全隐患进行筛查，随后欧洲也启动了这项工作。专家评审网络体系所面临的关键困难在于合成生物学研究具有多学科性质，其作为一个没有固定形态且发展迅猛的创新领域一直饱受争议。为了对这些新涌现的安全隐患进行持续且准确的审查和评估，这些专家也需要动态灵活地制定相应对策。

无论在欧洲还是在美国，学术界面临的关键挑战往往都是如何确保这些凌驾于政府核心部门切身利益之上的政策能够得到支持，从而切实维护好广大民众的利益。

例如，美国政府制定并应用于相关产业检查的新兴技术安全隐患筛查指南相较于学术界制定的筛查方案要落后若干年，这也就意味着学术界和产业界将在新兴生物技术研究范围和监管力度等方面存在巨大差异。同样的，当涉及相关研究安全隐患评估时，国家生物安全科学咨询委员会（NSABB）和生物伦理问题研究总统委员会（PCBI）给出的许多建议都取决于美国政府。然而，该过程往往都非常复杂且进展缓慢。国家生物安全科学咨询委员会对合成生物学领域进行评估的前提是，涉及军民两用研究的建议案最终会被政府采纳并执行。生物伦理问题研究总统委员会则利用伍德罗·威尔逊研究中心自主设立的评分卡来监督建议案的执行情况，该组织尤其强调对建议案执行的各种主体和执行过程的监督。

然而，在生命科学研究相关的生物恐怖安全隐患得不到国家安全机构的足够重视的前提下，英国由于缺乏权力范围及作用与美国国家生物安全科学咨询委员会相当的委员会，因此鼓励研究者对该领域所产生的问题开展跨部门/学科交流[13]。例如，自 2005 年以来，与基因合成产业的兴起有关的邮购 DNA 序列所产生的安全隐患就引起了新闻媒体的广泛关注。2006 年夏天，《英国卫报》记者对目前英国公司所提供的基因合成序列邮寄服务的客户和订单筛选方面表示担忧。在本次调查中，记者成功订购了天花病毒基因组中的部分基因编码序列。为此，英国商业、创新与技能部（BIS）就该问题召开了一次跨部门会议，本次会议和随后的报告主要指出，目前短距离邮寄基因序列是高度可行的，因此这些序列被小型恐怖组织滥用的可能性不容忽视。对此有人认为：尽管相关审查确实需要进一步提高，但考虑到构建一种活病毒仍然需要较高的实验技术水平，所以邮寄基因序列所产生的短期风险基本上可以忽略不计。也有人认为"科技进步会使病原体的构建或修饰变得更加简单。因此，一旦相关机构发现某个重大技术变革可能引发安全风险时，都应及时向政府部门发出警示。"[14]因此，基于上述理论，现阶段基因合成产业虽值得我们保持警惕，但无需进行过分审查。为了对这些早期担忧给予回应，英国安全部门开始关注合成生物学新兴学术领域的进展，以防随着英国生物技术部门对基因合成技术的日益依赖，其被滥用的门槛已悄然降低。但是，在合成生物学领域处于如此早期的发展阶段就开展其可能产生的更广泛的安全隐患或影响的评估并没有太大的意义。英国国防部（Ministry of Defence，MOD）也因而对该议题没有太大兴趣，所以将对与该领域相关的潜在威胁和机遇的早期调查评估推迟了数年[15]。2007 年，英国卫生安全管理局（Health and Safety Executive，

HSE）从广义合成生物学角度出发，对该领域发展前景展开了初步解析，但这并没有解决合成生物学的滥用问题。这也就意味着英美两国学术界及其科研项目中的伦理学部分将会在合成生物学领域发展初期发挥安全风险筛选、预评估和公开学术交流等一系列作用。

在科学界和相关专业机构开展新兴技术管制时，通常基于两个关键指导原则。第一个原则是对整个社会重点关注的风险范围予以界定。这通常涉及与新技术应用相关的异常处理原则[16]，例如，逐步完善现有的管控体系，改进工艺并产出新的科技成果，以及对尚无统一意见的问题给予暂缓决定。第二个原则是将自治制度化，这不仅是合成生物学领域先驱者早期宣称的管理愿景，也是当前该领域国家发展战略的核心。下一节中将会对上述内容进行更加详细的论述。

目前学术界中涌现出的首要核心共识之一是将焦点放在建立更加成熟的技术上。例如，斯隆基金会所资助的研究主要聚焦于推动基因合成技术发展。此外，国家生物安全科学咨询委员会（NSABB）和生物伦理问题研究总统委员会（PCBI）也开始以更广阔的视野来看待合成生物学，这些行为在一定程度上反映出了近年来合成生物学领域的发展和变化。然而，尽管美国合成生物学发展总体发展迅猛，但其基于"自下而上"和"自上而下"的基因工程的工程学方法用于工业的各种活动仍被重点审查[17]。这也意味着早期筛查工作的重点被缩小到了新兴合成生物学技术这一自诞生之日起就存在滥用可能的更小的方向。例如，异源生物学和合成微生物群落研究技术在很大程度上具有技术外部性（能通过产业内个别公司的技术进步带来整个产业技术水平的提升，也叫技术外溢或者知识扩散），因此被滥用的可能性更高，也需要进行更为严密的筛查管理。这种对已建立的技术关注多于新兴技术的现象，也提示我们应对新兴技术下游技术发展管理给予更多关注。

一方面，在某种程度上，这些用来明确技术监管所需关注范围的早期策略反映了基因合成技术相关问题具体框架的形成过程，这推翻了人们以往认为的一味地遏制技术发展是可行或可取的。另一方面，技术监管部门还对技术干预法进行了重申，即现有技术的潜在下游效应由"用户"和"供应商"负责预先加以控制。这意味着以后该领域其他方面的发展都可能会受到同样的方式进行管理，届时，相关管理机构的干预就显得不那么重要了。这与开展技术发展伦理学研究的理念相一致，即科学家们是管控与研究实践相关的风险的核心，但下游技术产出过程中可能存在的风险可以由其他的风险管理系统进行管控。

合成生物学领域面临的另一个问题是，随着该领域的不断发展，很可能会对全球安全环境产生影响。当然，其核心在于世界各国是否会滥用这一领域的研究进展；然而，可惜的是，尽管公众对世界各国可能存在滥用合成生物学技术存在深深的担忧，但相关现象却未被纳入早期的技术监管审查范围。斯隆基金会的报告指出：

我们不对国家资助的研究和发展项目进行监管和审查。如果政府官员选择逃避、忽视或解释他们的行为，那么任何国家政府实施的治理措施都将无法有效地约束政府自身的活动。此外，在政府管辖范围内的研究人员、公司或其他非国家实体所采取的任何措施，都无法抵抗来自政府的压力。在当前的国际体系中，国际政治团体或某国家政府是目前处理其国家政府滥用职权的唯一途径。然而如何通过上述途径进行维权已然超出了本研究的范畴[18]。

这就强调了这样一种观点，即这些担忧虽然可能值得予以进一步的评估，但应设置特殊的监管流程，同时这些担忧并不足以阻碍或延迟学术界对该领域的探索。相关专家普遍认为，从技术发展水平来看，短期内由某个国家领导的合成生物学技术滥用比某地区或组织利用合成生物学开展生物恐怖主义活动的可行性更高。

美国和欧洲所达成的核心共识的另一个关键方面在于，现有的转基因生物管理模式对于定义和应对合成生物学提出的挑战至关重要。例如，鉴于美国和欧洲的天然生物的遗传信息和形态改造范围仍在不断扩大，因此可能需要对现有的生物分类系统重新进行审查，涵盖基因工程和范式的现行法规也显然可以拓展并应用于美国和欧洲的下一代合成生物学技术监管活动中。

从技术层面来看，基因工程技术无疑是合成生物学领域中发展最为成熟的一项技术。从风险控制的角度来看，曾经饱受争议的合成生物学领域研究进展与成果并没有被大规模工业化运用或生产，因此几乎没有带来任何风险或安全隐患。然而，当公众认为合成生物学领域可以作为一种基因工程技术加以管理而感到放心的时候，该领域的主要倡导者却认为，该领域不仅仅是基因工程发展的下一个阶段那么简单，这一理论让风险管理的增量系统与合成生物学领域更具变革性的框架之间的矛盾日益加剧。

在不同国家政策与文化背景下，这些紧张局势产生和化解的方式将由各国的生物技术治理方式来决定。这也意味着，当出现针对生物技术滥用的讨论时，不同国家对公众在其中起到怎样的作用、如何处理本国生物技术管理与风险评估之间的分歧，以及本国生物技术创新战略发展方向到底是什么等问题的看法都具有明显差异[19]。

然而，值得一提的是，尽管各国的处理方式和看法不一，但大家都希望将合成生物学界建设成为一个既能履行风险管控职能又能发挥该领域转型力量的"伦理社区"。一方面，人们认为科学家有能力对该领域的发展进行监管，而科学家本身所具备的风险体察敏锐性和前瞻性等特点也更加有助于避免现有风险管控体系因政策局限性而出现的漏洞和问题。另一方面，也有人认为，将"学术伦理"作为治理新兴领域的一种方式极具局限性。例如，尽管学术界具备很强的技术安全或技术伦理意识，但是公众依然会因为新兴技术的发展而产生焦虑情绪。此外，目前大家都逐渐意识到，学术团体在技术监管过程中往往仅具有一个瞬时的干预作用，各国也都开始探讨是否还需要将新兴技术学术团体置于相关技术评估问题的中心。正如莫勒早在 2007 年所指出的那样：

尽管目前科学家们仍然掌握着合成生物学领域的绝大部分项目、资源以及专业知识，这使得他们对该行业的发展具有重要的影响力。但这并不是一成不变的。如今，某些公司已经在利用合成生物学技术合成有机物。届时，企业在合成生物学领域的发展速度将让学术团体相形见绌，并最终削弱学术界对合成生物学领域的影响力[20]。

早期人们在一定程度上对合成生物学等新兴领域可能带来的安全隐患以及学术界自治等问题进行了夸大。虽然学术界可对这些新兴领域未来发展走向进行干预，但早期以学术团体为中心的观点确实低估了其发展后期可能涉及的国家甚至国际层面的政策监管需求。此外，各方在预见性风险评估的政治意义上也存在分歧，这些问题表明，强有力的制度化规范及其宣传的价值观所具有的影响力远远超出了学术领域的影响力。

在美国，这种紧张局势反映在科学家和合成生物学工程研究中心人类实践部门之间经常出现的敌对关系上。合成生物学第二次会议之后，拉比诺取代莫勒成为人类实践部门负责人。在拉比诺的带领下，人类实践部门和科学家之间的关系急剧恶化。随后，在凯斯林实验室项目负责人以及资助该中心的国家科学基金会均对此表示担忧后，拉比诺最终辞去了他在该中心的研究职位，其负责人职位由德鲁·恩迪接手。这些分歧反映了在新兴领域背景下，科学与技术的人文社会学研究学者和科学家之间在对预见性风险管理的政治目的和技术局限性方面长期存在着辩证关系[21]。

尽管德鲁·恩迪接任了拉比诺的工作，再后来由政治学家肯尼思·奥伊继续接任这份工作，但两者间的紧张关系仍在继续。例如，2015 年在合成生物学工程研究中心任职的社会学家，就一种可能会产生阿片类药物的酵母菌株的伦理问题，撰写了一篇极具煽动性的文章。这个项目组认为，尽管这样的工作在公共卫生方面具有重要意义，但关于这项工作的完整合成途径已在近期公开发表，这意味着"原则上，任何能够接触到酵母菌并掌握发酵基本技术的人都能够使用自制的啤酒酿造工具来培养这种能够产生吗啡的酵母菌，这可能会导致非法鸦片市场的分散化和本土化。这样一来，人们获取鸦片的机会就会大大增加。"[22]尽管学术界对该领域在工业生产方面的这种革命性的潜力并未提出质疑，但公众对这种自制啤酒式的生产潜力提出了反驳。事件发生后，一位不愿透露姓名的高级合成生物学家在一次生物安全活动上表示，该社会学家就是为了能够在顶级刊物上发表文章，所以才故意利用"可家庭自酿吗啡"这种极具煽动性的字眼。这类言论反映出了科学家和社会科学家之间时有出现的紧张态势。

在英国，这种关系似乎没有那么紧张。然而，英国该领域的科学家仍然在不停尝试以重新定义伦理、法律以及社会相关问题从业者所期望扮演的角色[23]。特别是在安全问题上，英国民众及相关专业人员讨论的内容也反映出这样一种现状，即英国新兴技术领域伦理方面讨论的范围和内容受美国早期对生物恐怖担忧的影响存在一定误解，并没有针对英国自身新兴技术发展趋势及可能存在的安全隐患展开分析。这一现象推动英国政府做出了驳斥某些关于该领域滥用潜力"谣言"的决定，尽管这些谣言早已在欧洲关于该领域的讨论内容中广为流传[24]。

除了这些与更广泛的伦理、法律和社会问题的治理政策相关的普遍性的紧张局势，以及全球各国研究机构的发展差异之外，合成生物学领域所面临的一项重大挑战在于，随着该领域从一个先进的学术共同体发展成为一个更加制度化的学科，其治理策略必然需要具有一定的预见性[25]。当该领域技术逐渐更多地被用于推动产业化项目发展时，虽然学术界可能仍会继续作为合成生物学领域专业知识的一个重要来源，但它将无法发挥出它在该领域发展早期所显示的作用。届时，学术界提出的倡议中的原则、做法和概念在产业化的生物技术公司的具体实践中应该或将会被转变至何种程度，目前我们无法预判。但可以明确的是，尽管合成生物学领域的许多领军人物与相关生物技术公司之间存在着紧密的联系，但学术界和企业在责任创新方面还是存在着不同的文化规范。未来很可能基于国家资助科学技术项目所需遵循的 RII 原则对合成生物学产业化发展进行管理和约束[26]。与此同时，该行业可能也会受到更为广泛且根深蒂固的伦理规范的影响。

综上所述，在合成生物学发展早期，该领域的国家发展战略直接决定了其可能存在的安全隐患和应该被担忧的使用范围，同时还赋予了该领域兼具创新性和待监管性的特征。英美两国政府一致认为，创新是一种可以用来维护国家利益的、强大且可控的力量。他们在合成生物学发展早期主要利用以学术界为中心的风险管理办法对该领域进行管理，强调了合成生物学研究项目作为国家甚至国际科技发展与科技监管创新发展中心的重要地位。在接下来的章节中，我们将对用于指导这些早期研究项目的工作设想进行更为深入的分析，以揭示这些倡议将以何种方式来帮助解决并引出更多与合成生物学领域相关的全球安全问题。

参 考 文 献

1. Pablo Schyfter and Jane Calvert, 'Intentions, Expectations and Institutions: Engineering the

Future of Synthetic Biology in the USA and the UK', *Science as Culture* 24, no. 4 (2 October 2015): 359–83, https: //doi.org/10.1080/09505431.2015.1037827.

2. UK Synthetic Biology Roadmap Coordination Group, 'A Synthetic Biology Roadmap for the UK' (Research Councils United Kingdom, 2012), http: //www.rcuk.ac.uk/RCUK-prod/assets/ documents/publications/SyntheticBiologyRoadmap.pdf.

3. J. B. Tucker and R. A. Zilinskas, 'The Promise and Perils of Synthetic Biology', *New Atlantis* 12, no. 1 (2006): 25–45.

4. Gregory D. Koblentz, *Living Weapons: Biological Warfare and International Security* (Ithaca and London: Cornell University Press, 2009); Gregory D. Koblentz, 'From Biodefence to Biosecurity: The Obama Administration's Strategy for Countering Biological Threats', *International Affairs* 88, no. 1 (2012): 131–48, https: //doi. org/10.1111/j.1468-2346.2012.01061.x.

5. For a detailed review of the work of the Sloan foundation, see Gigi Kwik Gronvall, *Preparing for Bioterrorism: The Alfred P. Sloan Foundation's Leadership in Biosecurity* (Baltimore, MD: Center for Biosecurity of UPMC, 2012).

6. Gigi Kwik Gronvall, *Synthetic Biology: Safety, Security, and Promise* (Baltimore: CreateSpace Independent Publishing Platform, 2016), 110.

7. NSABB, 'Addressing Biosecurity Concerns Related to the Synthesis of Select Agents', December 2006, https: //fas.org/biosecurity/resource/ documents/NSABB%20guidelines%20-synthetic%20bio.pdf; NSABB, 'Addressing Biosecurity Concerns Related to Synthetic Biology' (Washington, DC, 2010), http: //osp.od.nih.gov/sites/default/files/ resources/NSABB%20Syn-Bio%20DRAFT%20Report-FINAL%20 %282%29_6-7-10.pdf.

8. Presidential Commission for the Study of Bioethical Issues, 'New Directions: The Ethics of Synthetic Biology and Emerging Technologies', 2010, http: //www.bioethics.gov/documents/ synthetic-biology/PCSBISynthetic-Biology-Report-12.16.10.pdf.

9. NEST High-Level Expert Group, 'Synthetic Biology Applying Engineering to Biology: Report of a NEST High-Level Expert Group' (Luxembourg: European Commission, 2005), http: //www. bsse.ethz. ch/bpl/publications/nestreport.pdf.

10. http: //www.synbiosafe.eu/.

11. Most notably by the Rathenau Institute, an independent technology assessment organisation based in the Netherlands. Rinie van Est, Huib de Vriend, and Bart Walhout, 'Constructing Life-Early Social Reflections on the Emerging Field of Synthetic Biology' (Den Haag: Rathenau Institute, 2007), http: //www.synbiosafe.eu/uploads/pdf/BAP_Synthetic_biology_nov2007%-5B1%5D.pdf.

12. Brett Edwards and Alexander Kelle, 'A Life Scientist, an Engineer and a Social Scientist Walk into a Lab: Challenges of Dual-Use Engagement and Education in Synthetic Biology', *Medicine, Conflict and Survival* 28, no. 1 (2012): 5–18, https: //doi.org/10.1080/13623699.2012.658659.

13. F. Corneliussen, 'Regulating Biorisks: Developing a Coherent Policy Logic (Part I)', *Biosecurity and Bioterrorism: Biodefense Strategy, Practice, and Science* 4, no. 2 (2006): 160–67; F. Lentzos, 'Rationality, Risk and Response: A Research Agenda for Biosecurity', *BioSocieties* 1, no. 4 (2006): 453–64; Filippa Lentzos and Nikolas Rose, 'Governing Insecurity: Contingency Planning, Protection, Resilience', *Economy and Society* 38, no. 2 (2009): 230, https: //doi.org/ 10.1080/03085140902786611.

14. Department of Business Innovation and Skills, 'The Potential for Misuse of DNA Sequences (Oligonucleotides) and the Implications for Regulation', 2006, http: //webarchive.nationalar-chives.gov.uk/+/http: //www.dius.gov.uk/partner_organisations/office_for_science/science_in_govern-ment/key_issues/DNA_sequences.

15. Confirmed by Email correspondence with the intended author report, on file with Author.

16. See, for example, Evans and Palmer, 'Anomaly Handling and the Politics of Gene Drives'.

17. This included work on Bio-fuels, Healthcare applications, Agricultural, Food, and Environmental Applications

18. M. S. Garfinkel et al., 'Synthetic Genomics: Options for Governance', *Industrial Biotechnology* 3, no. 4 (2007): 9.

19. Schyfter and Calvert, 'Intentions, Expectations and Institutions'.

20. Joachim Henkel and Stephen M. Maurer, 'The Economics of Synthetic Biology', *Molecular Systems Biology* 3 (5 June 2007): 117, https://doi.org/10.1038/msb4100161.

21. Rabinow and Bennett, *Designing Human Practices*; Anthony Stavrianakis, 'Flourishing and Discordance: On Two Modes of Human Science Engagement with Synthetic Biology' (Berkeley: University of California, 2012).

22. Kenneth A. Oye, J. Chappell H. Lawson, and Tania Bubela, 'Drugs: Regulate "home-Brew" Opiates', Nature 521, no. 7552 (18 May 2015): 281–83, https://doi.org/10.1038/521281a.

23. Andrew S. Balmer et al., 'Taking Roles in Interdisciplinary Collaborations: Reflections on Working in Post-ELSI Spaces in the UK Synthetic Biology Community', *Science & Technology Studies*, 2015, https://sciencetechnologystudies.journal.fi/article/view/55340.

24. Catherine Jefferson, Filippa Lentzos, and Claire Marris, 'Synthetic Biology and Biosecurity: Challenging the "Myths"', *Infectious Diseases* 2 (2014): 115, https://doi.org/10.3389/fpubh.2014.00115.

25. Gronvall, *Synthetic Biology*, 122.

26. Bernd Stahl et al., 'The Responsible Research and Innovation (RRI) Maturity Model: Linking Theory and Practice', *Sustainability* 9, no. 6 (16 June 2017): 1036, https://doi.org/10.3390/su9061036.

6. 合成生物学及其危险性

摘要 对新兴科技实施全球统一化的管控方法无疑是实现国家安全的有效途径，但由于在全球政治领域中，国家安全始终占据着主导地位，使得某些与新兴科技相关且本应在国际层面上尤其是在整个联合国组织体系内能够得到解决的实际问题无法解决。合成生物学等领域既对全球安全存在一定潜在威胁，又在某些方面有利于全球安全体系的构建，因此具有重要的国际意义。这些新兴科技领域的发展使得曾经诸多饱受争议的观点得以重回人们的视野，也为全球整体安全环境的构筑提供了新的思路。本章将对那些涉及安全问题的现行管控举措进行分析和评估。

关键词 核武器裁减；生物武器；生物安全

合成生物学领域的发展一直受到诸多因素的共同影响，基于这些影响因素，人们对于合成生物学这一领域的认识，更多地是停留在合成生物学领域的发展给全球的安全环境带来了怎样的新变化与困境。正如在本书的开篇部分所提到的，从专业角度来讲，合成生物学领域在其界限、特征以及对社会造成的影响方面，一直饱受争议。当我们从全球化的视角来观察和理解这一领域时更是如此。目前，合成生物学领域广泛涉足于诸多国家级科研攻关项目之中，并且构成了当今国际社会基础科学研究和产业化应用之间深度渗透和高度融合的复杂网络。基于上述考虑，本章的主要内容并非旨在全面阐述合成生物学领域在国际层面上所代表的重要意义，而是主要阐述当今时代不同国家之间通过适度的竞争和合作来谋求一种和谐共赢、共同发展的独特氛围的现象。这也给我们提出了一个合作共赢的发展理念，基于这样的发展理念，人们对于合成生物学领域的认识高度就会逐步上升至国际层面。与此同时，我们还为实现这一发展理念提供了切实可行的操作方法，以便促进人们对于以合成生物学为代表的诸多新兴领域的认识尽快上升至国际层面的水平。

合成生物学领域自诞生之日起，就一直饱受争议，为了解决这些争议，各种学术团体在现行的创新环境下，共同致力于推动建立一个跨国性的学术共同体来平息这些争论。基于各种学术团体的共同努力，如今已开辟出了许多具有进一步开发潜力的全新领域，我们可以预见在不久的将来，随着我们对这些新兴领域的进一步开发与挖掘，这些领域将会给我们带来显著的经济效益和社会效益。以

iGEM 为代表的许多新兴的学术团体都在积极地推行自觉遵守科研伦理的实践活动，这些举动为共同推动跨国性学术共同体的建立做出了卓越的贡献。iGEM 一直积极致力于不断拓展自身的研究领域。在成立之初，iGEM 就针对涉及基因合成的相关产业和研究领域专门设置了一个科研伦理审查机构，以便于解决这些与基因合成相关的研究领域和产业在随后的发展成熟过程中，逐渐暴露出的涉及科研伦理方面的问题。其中就包括了致力于关注那些具有不同政治背景和经济背景的合成生物学领域研究人员的 Synbio LEAP 计划及其开展的相关工作[1]。

这些新兴的学术团体相继开展了类似的自觉遵守科研伦理的实践活动。在国家层面上，力求为合成生物学领域制定相关的发展规划，具体包括合成生物学领域的发展能够为我们带来的各种潜在收益，同时也涵盖了对该领域发展我们所应采取的一系列相关的监管措施。而在国际层面上，经济合作与发展组织（Organisation for Economic Co-operation and Development，OECD）、世界各国以及更多的全球化论坛所开展的一系列相关工作都在不断表明，世界各国对于创新活动的监管工作正不断涌现出新的对策。这些新兴的学术团体所开展的工作正将合成生物学领域在近年来所取得的具体进展以大众化的方式呈现于人前，以消除民众长期以来对合成生物学领域的恐惧和担忧，同时也在向全世界宣告，合成生物学所涵盖的研究领域和相关产业正在不断地拓展和扩张，逐渐成为全球的领导者。

关于合成生物学领域的发展对某些全球性机构所产生的潜在影响，美国和欧洲的一系列学术共同体和国家研究机构联合开展了专项评估工作。此次评估工作的重点，着眼于以往那些探讨合成生物学领域的发展所带来的相关安全挑战方面的论文，以及世界各国在处理有关合成生物学领域相关问题方面的国家经验。此外，此次评估工作还将有助于提升新兴科学技术在核武器裁减和其他系统性条约方面的影响力，以便在不久的将来对其在这些领域内开展专项评审工作。

事实上，在一系列联合国条约发布后，人们就已经开始意识到与这个新兴的学术领域相关的科技进步和产业发展对我们的现实生活所产生的一系列实际影响。其中表现最为突出的就是在《禁止生物武器公约》和《禁止化学武器公约》实施后，核武器裁撤领域所发生的变化。自 2006 年起，《禁止生物武器公约》就因合成生物学领域的迅猛发展而不断被提及，但当时世界各国除了承认该条约中的某些条款具有一定的潜在约束力以外，就合成生物学领域究竟是什么，或者它实际上给我们提出了什么挑战等问题方面如何达成共识，进展甚微。相比之下，美国科学咨询委员会[2]和瑞士的斯皮兹实验室[3]对于《禁止化学武器公约》开展了更多的专项评审工作，并发现该公约对于合成生物学领域发展的实际约束力是有限的。与此同时，这些专项评审工作也指出：为了能够加深对于生物与化学交叉渗透学科以及相关产业界之间日益趋同的影响的理解，并采取更为恰当合理的应对措施，我们有必要对合成生物学领域开展持续性的监管工作。

许多科研机构也陆续开展了诸多具有实质性的支持工作，重点是在本国内以及国际层面上对于相关的科技进步支持推行必要的审查工作。就《禁止化学武器公约》而言，主要归功于国际理论和应用化学联合会[4]所开展的科技审查工作所做出的贡献；而就《禁止生物武器公约》而言，则主要归功于该条约对各缔约国之间发展、生产、储存或使用生物武器的有效约束力，营造出当前互信互利、合作发展的科研氛围，从而对当前科学发展趋势进行把控[5]。这些科研机构所开展的一系列相关工作同时也带动了其他领域相关工作的进展，特别是在生物安全领域和军民两用性研究领域的伦理审查方面，共同维护和发展了全球性的科研伦理标准[6]。生物安全从业人员也通过生物安全协会等组织对合成生物学领域所产生的具体影响开展了相关的大规模讨论活动，在今后的工作中，生物安全从业者们还将在更广阔的研究领域内针对合成生物学领域开展专项大规模讨论活动，力求形成一定的组织结构框架体系并成为全球公共卫生议程的部分内容，在未来发生传染病大流行时，可有效改善当前全球公共卫生系统的应对能力。

为了能够更加合理有效地治理合成生物学领域不断涌现出的相关安全问题，联合国区域间犯罪和司法研究所（United Nations Interregional Crime and Justice Research Institute，UNICRI）对上述实质性的工作进行了进一步补充，力求寻找一种更为全球化的视角。正如一份专家会议报告所指出的那样：专家们一致指出，确保生物安全的重点应该在于各国领导人都能够对此事共同承担相应的责任，达成共识，而不仅仅是通过国际化的军备管控制度来约束各国，或者拒绝公开本国的实际军备情况[7]。在核武器裁减的政治磋商中，各国领导人所表现出的不同态度尤为明显。此外，UNICRI针对合成生物学领域对其他条约制度所产生的具体影响，开展了一系列的思维辩证大规模讨论活动，例如，《生物多样性公约》组织就专门设立了一个工作组来审查新兴科技领域存在的具体意义[8]。

澳大利亚集团就现有的出口管制清单对合成生物学领域的发展可能产生的影响进行了专项审查工作。澳大利亚集团主要以论坛的形式展开工作，参与集团的各成员国之间实行共同的出口管制清单并彼此分享各自的经验[9]。联合国第1540委员会也对合成生物学领域进行了相关的审查工作。联合国第1540委员会是依据联合国安全理事会2004年第1540号决议成立的委员会，该委员会主要责成各成员国要在国内建立防止核武器、生化武器及其运载工具扩散的管控机制[10]。

合成生物学领域作为一个技术-科学领域的突出代表，它的出现究竟给我们带来了怎样的机遇和挑战，以下部分的内容将对此展开更为深入且充分的探讨。

关 键 挑 战

合成生物学领域在国际层面上自始至终都具有重要意义。我们不仅需要承认合成生物学领域的发展为科技发展和社会进步所带来了全新机遇，同时也需要对合成生物学领域的发展为现实社会带来的实际挑战进行必要的评估。与此同时，在某些程度上，合成生物学领域的发展还在某些国家和地区的政权更迭、维护和建设过程中起到了一定的推动作用。下文将会对合成生物学领域中某些在应用开发和管理控制方面存在逻辑矛盾的关键性技术进行详细阐述，并且将着重叙述合成生物学领域给我们所带来的三项挑战：一是合成生物学领域目前已成为了世界各国之间持续开展军备竞赛行为的潜在推动者；二是伴随着合成生物学领域的发展，世界各国就如何防制化学武器或核武器的不扩散达成共识而面临的挑战；三是伴随着合成生物学领域的发展，全球性科学技术管控体系所面临的全新冲击与挑战。

从更为传统的军备控制角度来看，科学技术发展所带来的关键性挑战主要是科学技术的进步对现有资源稳定性的破坏。从某种意义上来说，这将诱惑个别国家在已签订的协议上反悔或弄虚作假，这些小动作也将更难以被他国发现。显然在这方面，合成生物学领域所能为国家带来的科技进步的幅度是微不足道的；但各国之间因在合成生物学领域的军备竞赛发展而感到的威胁感却与日俱增。这是因为在某种程度上，合成生物学等基础研究领域的科技进步往往会有利于国防建设；同时也因为某些具有军民两用性的特定科学技术可能会因各国之间的敌对状态而被部分个别国家纳入国家发展规划，用于作战时针对敌国的撒手锏。当今社会，全球范围内禁止任何国家和地区对毒药和重大传染性疾病进行开发和应用，这不仅极大地制约了在合成生物学等新兴领域开发和探索现有的国家级进攻性军事潜力，而且对于世界各国如何在当前全球外交话语体系中，对以合成生物学为代表的新兴领域作为国家级重点科研攻关项目展开深入研究有着决定性的影响。的确，合成生物学等新兴领域已对现行的科技监管制度构成了一定程度的冲击和挑战，当前各种学术共同体、各个国家和地区针对这些新兴领域开展各种针对性的大规模讨论和专项评估活动，都有助于帮助这些新兴科技领域在未来的政治协商过程中反复重申以上禁令所处的核心地位，且永不失效。针对合成生物学领域所掀起的这股讨论热潮，也促使世界各国对现行的诸多禁令的具体实施方案展开相关审查。因此，从这方面来说，这也有助于制止世界各国在这些新兴领域内的自由竞争，而这在以往的历史中基本是不可想象的——正如我们在冷战时期所看到的那样。与此同时，还有一点值得我们注意的是，这些禁令的实施不仅维护了当代的国际秩序，同时也是当代国际秩序中不可或缺的重要组成部分之一。从这个角度来讲，合成生物学等新兴领域的发展对这些现行禁令所构成的冲击与挑战并不在于新技术本身，而是在于我们对以往维持正常秩序运转所采取的技术自信的削弱（包括单方面的战略威慑、战略转移以及战争行动日益隐蔽的特性）。此外，有关合成生物学领域的预测理应更倾向于反思我们目前所采取的管控对策存在的不足，而不是深化我们面对新技术时从内心深处所诞生的无力感和恐惧感。可以预见的是，合成生物学领域作为科技发展的诸多领域之一，同时又具有特殊的军民两用性，在未来极有可能被某些别有用心的国家和地区发展为非常规军事力量，从而在今后的武装冲突中对他国造成不对等的军事打击或武力威胁。

与此同时，当今国际社会尚无针对恶意利用生物技术的明确禁令，这一问题在当代国际政治领域中也处于边缘地位，许多国家都保持缄默，绝口不谈此事。因此在类似的问题上，合成生物学领域给我们带来的是一个令人不安的、模棱两可的挑战。例如，从 2007 年开始，已有专家学者提出，合成生物学领域方面的进展与《禁止为军事目的或任何其他敌对目的使用改变环境技术的公约》之间存在着某些潜在的关联性[11]。该条约禁止任何国家因敌对目的使用具有广泛的、持久的或严重影响的环境改造技术作为破坏、损害或伤害任何其他缔约国的手段。最近一段时间以来，基因编辑技术领域中"基因驱动"技术的发展使这一公约以及涉及转基因生物释放的相关协定重新回归大众视野，成为人们关注的焦点[12]。

最近，戴维·马莱特的一项重要研究指出，未来新兴科技领域发展所面临的主要挑战在于当今时代世界各国在进攻性生物技术研发领域内对军事探索活动的承诺究竟有多重要，以及这种类似的军事探索活动对其他国家威胁观念产生的影响。在某些特殊情况下，戴维·马莱特确实注意到了这种尝试性的军事探索活动似乎加剧了某些敌对国家不安全感的循环滋生。例如，中国将昆虫视为病原传播媒介的科研意向似乎敦促着美国和印度在防御性工事方面加大投资的力度，这本身就涉及某些国家对某些进攻性生物技术的掌握程度[13]。由美国国防部高级研究计划局出资的昆虫联盟计划，通过对转基因昆虫开展相关研究，能够迅速增强某些农作物对部分特定传染病的免疫力，试图为那些因"天灾"或"人祸"原因爆发的农作物传染病寻求对策[14]。与此同时，当前对于某些人类传染病等研究领域的热捧也可能会引发出类似的竞争态势[15]。

当然，这种推测性的概念验证性研究不太可能会直接引起竞争对手的迫切关注。但是这些研究项目所能产生的更深层次的影响则在于，在这种多方因素的主导下，学术界和产业界之间会通过更为紧密的合作关系来重振美国的军事-学术-产业联合体。因此这些研究项目在科研伦理方面以及对社会所应承担的公共责任方面，可能会使外界产生某种威胁意识，并以此制订出一系列的应急处理对策。这一问题在美国乃至全球范围内都值得我们深思。

合成生物学等科技领域的发展给我们带来的另一项重要挑战是如何防止核武

器和化学武器的扩散。在合成生物学这一领域内，现实世界和虚拟世界之间的转变愈加频繁[16]，各国之间涉及科学技术滥用相关问题的默契屏障正在不断受到冲击。目前关于合成生物学"去技术化"的观点是目前我们所面临的最大难题，这一问题的提出，不仅牵涉各种专业性的学术团体，而且在诸多的业余兴趣者论坛发起的大规模讨论中也有着较高的呼声。美国在关于合成生物学领域"去技术化"的早期探讨中就已发现，"去技术化"的程度和整体净收益之间始终存在着固有矛盾。但在这种情况下，美国社会的舆论却开始倾向于科研人员刻意夸大了"去技术化"的风险，而这种主导舆论的做法对于美国的经济和国防领域都有好处。与在其他科技创新领域内的做法一样，美国明显仍在继续"对冲"自己的赌注，认为自己能够通过创新来摆脱那些自己制造出的枷锁[17]。它可能是对的，也可能是错的，但其他国家明显对于美国的工业化举措可能会对全球工业系统造成的冲击有着不同的看法，正如一名中国代表在《禁止生物武器公约》会议上所指出的那样：

"与合成生物学领域相关的科学技术正在飞速发展，DNA 合成技术已成为了当前开展生物研究的基本工具，我们可以轻而易举地购买到相关的试剂和配套的设备。因此，生物科技实验室一旦发生某些意外事故，就极有可能使人类处于重大危险之中。合成生物学领域的相关科技在一些民用生物技术的研究和应用中，极有可能会在无意中产生出全新的、具有高度危险性的人造病原体，从而导致不可预见性的后果[18]。"

此外，欧洲国家在某些研究领域——特别是在转基因生物释放方面制订了更多的应急预案。这再次重申了我们在开展某些科研活动以及在实际操作过程中应建立并遵守某些共同准则的必要性。与此同时，共同准则的建立也成为合成生物学领域讨论的热点，它也出现在核武器裁减论坛以及某些侧重于促进科学和经济合作发展论坛的相关专项讨论中，旨在促进不同科研领域人员的知识交流。与此同时，在生物安全领域和科研伦理领域内，相关的指导原则常常会因军事、政治以及经济等多方面的竞争压力而无法被制定，因此需要我们尽可能多地采取预防性的科技评审方法来协助这些指导原则的制定工作[19]。

综上所述，合成生物学领域目前已被视为是全球科研机构共同面临的挑战，但它也重申了这些科研机构在目前和今后的工作中对于国家安全和集体安全的重要性。目前对于合成生物学领域的综合评估虽已在全球范围内陆续展开，但仍有部分国家和地区尚未被触及，这充分反映出了现有的条约体系在管控规模和权威性方面的局限性。与此同时，还有专家学者提出，应该将美国军事-学术-产业联合体的重振视为整个全球性治理议程的部分内容，并与未来更加美好的全球性安全愿景相关联。从这方面来看，合成生物学领域不仅成为现行全球秩序所面临的重要挑战，同时也成为维护全球秩序的一种工具。作者在后续总结的部分中再次强调了上述这些令人兴奋的现象，并且指出我们可以通过采取更加务实的方法来全面治理有关生物技术滥用的问题。

参 考 文 献

1. https: //www.synbioleap.org/.

2. Scientific Advisory Board, 'Convergence of Chemistry and Biology: Report of the Scientific Advisory Board's Temporary Working Group'(The Hague: OPCW, 27 June 2014), http: //www.opcw.org/index.php?eID=dam_frontend_push&docID=17438.

3. An up-to-date list of reports from this initiative is available here: https: //www.labor-spiez. ch/en/rue/enruesc.htm.

4. Leiv K. Sydnes, 'IUPAC, OPCW, and the Chemical Weapons Convention', *CHEMISTRY International* 35 (2013), http: //www.degruyter.com/view/j/ci.2013.35.issue-4/ci.2013.35.4.4/ci. 2013.35.4.4.xml.

5. Katherine Bowman et al., *Trends in Science and Technology Relevant to the Biological and Toxin Weapons Convention: Summary of an International Workshop: October 31 to November 3, 2010, Beijing, China* (Washington, DC: National Academies Press, 2011), http: //www.nap.edu/catalog/ 13113/trends-in-science-and-technology-relevant-to-the-biological-and-toxin-weapons-convention.

6. Dana Perkins et al., "The Culture of Biosafety, Biosecurity, and Responsible Conduct in the Life Sciences: A Comprehensive Literature Review," *Applied Biosafety,* 7 June 2018, 153567601877-8538, https: //doi.org/10.1177/1535676018778538.

7. UNICRI, 'Security Implications of Synthetic Biology and Nanobiotechnology: A Risk and Response Assessment of Advances in Biotechnology (Shortened Public Version)', 2012, ix.

8. AHTEG and Biology, 'Report of the Ad Hoc Technical Expert Group on Synthetic Biology', 7 October 2015, https: //www.cbd.int/doc/meetings/synbio/synbioahteg-2015-01/official/synbioahteg-2015-01-03-en.pdf.

9. For example, in 2008, the Australia Group agreed to form a synthetic biology advisory body, https: //australiagroup.net/en/agm_apr2008.html.

10. http: //www.un.org/en/sc/1540/.

11. International Risk Governance Council, 'Guidelines for the Appropriate Risk Governance of Synthetic Biology', 2010, 25, https: //www.irgc.org/IMG/pdf/irgc_SB_final_07jan_web. pdf.

12. Jim Thomas, 'The National Academies' Gene Drive Study Has Ignored Important and Obvious Issues', *The Guardian*, 9 June 2016, sec.Science, https: //www.theguardian.com/science/ political-science/2016/jun/09/the-national-academies-gene-drive-study-has-ignored-importantan d-obvious-issues.

13. David Malet, *Biotechnology and International Security* (New York: Rowman & Littlefield, 2016), 171.

14. Todd Kuiken, 'DARPA's Synthetic Biology Initiatives Could Militarize the Environment', *Slate*, 3 May 2017, http: //www.slate.com/articles/technology/future_tense/2017/05/what_happens_ if_darpa_uses_synthetic_biology_to_manipulate_mother_nature.html?via=gdpr-consent.

15. Galliott and Lotz, Super Soldiers; Malet, 'Captain America in International Relations'.

16. Jean Peccoud et al., 'Cyberbiosecurity: From Naive Trust to Risk Awareness', *Trends in Biotechnology* 36, no. 1 (1 January 2018): 4–7, https: //doi.org/10.1016/j.tibtech.2017.10. 012.

17. Richard Danzig, 'Technology Roulette', May 2018, https: //www.cnas.org/publications/ reports/ technology-roulette.

18. China, 'New Scientific and Technological Developments Relevant to the Convention: Background Information Document Submitted by the Implementation Support Unit', 2011, https: //www.unog.ch/80256EDD006B8954/(httpAssets)/A72551B355472172C12579350035196F/$fil e/science_technology_annex.pdf.

19. Dana Perkins et al., 'The Culture of Biosafety, Biosecurity, and Responsible Conduct in the Life Sciences: A Comprehensive Literature Review', *Applied Biosafety,* 7 June 2018, 1535676-018778538, https: //doi.org/10.1177/1535676018778538; Jo L. Husbands, 'The Challenge of Framing for Efforts to Mitigate the Risks of "Dual Use" Research in the Life Sciences', *Futures,* 13 March 2018, https: //doi.org/10.1016/j. futures.2018.03.007.

7. 总　　结

摘要　本章对全书各章节中提出的观点进行了总结，罗列了合成生物学领域给人类社会带来的挑战。这些挑战在对传统的科研伦理学造成一定程度的冲击的同时，又成为国家乃至国际层面确立创新发展规划以及制订创新监管模式的部分内容。本章提出的主要观点是：当前合成生物学领域的发展与人们对该领域的认知水平的提升、国家科技创新发展规划的确立以及全球化创新监管模式的制定紧密相关。

关键词　技术评价；军事化；生物武器；科学技术

在 20 世纪，不管是科技发展本身，还是科技、国家和军事三者之间的关系，抑或是全球的地理环境、城市发展规划以及经济创新体系，都时刻处于风云变幻之中。当代科学技术的飞速发展、国家未来的政治走向与发展道路以及错综复杂的国际安全变化趋势，构成了当今时代全球社会所面临的一系列重要挑战。伴随着新兴科技领域的飞速发展，相关技术日益贴近并逐步走进人们的日常生活，科技发展与安全稳定的社会生存环境之间的辩证关系始终是人们关注的焦点。我们基于合成生物学领域的起源与发展史，分别从创新者悖论、创新治理悖论和全球不安全悖论三个角度对以合成生物学为代表的新兴科技领域与当今安全稳定的社会环境之间的辩证关系展开了如下探讨。

创新者悖论

从辩证唯物主义思想的角度来看，科技创新活动同样具有两面性，一方面科技创新活动可以为人类社会带来不同程度上的技术变革，改善人们的生存环境，推动人类社会的不断进步；另一方面，任何新技术的拓展与开发都会对当今以和平和发展为主旋律的全球安全环境造成不同程度上的破坏，甚至可在局部地区引发战争，使人民流离失所，饱受战乱的袭扰。科技创新活动的这种两面性也是导致创新者悖论的主要原因。该悖论的主要矛盾在于，将开展科技创新活动的主要责任都归咎于开展创新活动的创新者或相关的学术团体。一方面，创新者需要对自己主持的科技创新活动负主要责任；另一方面，对于他人的科技创新活动是否触及技术滥用或民用技术军事化等问题，创新者也具有一定的被动责任。然而，由于合成生物学等新兴科技领域具有跨学科性、全球性等特点，现行的科技监管体系也并不能完美适配这种新型的科技领域架构，因此在监管方面也存在着诸多漏洞。世界各国基于不同的国防与军事目的，不同程度地在新兴科技领域内开展军事投资活动，使新兴科技领域的监管工作变得更为复杂和困难。另外，科技创新者在新兴科技领域的研究工作中是否能够依旧遵循传统的科研伦理也是民众关注和讨论的焦点。除此以外，新兴科技领域的飞速发展不免会引起某些别有用心的个人或团体的翩翩遐想，暗中制造出某些反人类、反社会的技术滥用问题，而解决这些问题的核心，同样在于科技创新者本身。

在国家层面上，科技创新者所拥有的权利与义务在很大程度上取决于创新者所处的国家当前推行的科技创新理念、针对科技创新活动所采取的相应监管办法以及国家对于科技创新活动的经济支撑力度。而在国际层面上，人们就科技创新者在面临上述问题时所表现出的态度和所承担的职责和义务方面，则有着各自不同的理解。尽管如此，出于对当前全球科技发展良好态势的保护，人们已在许多领域达成了坚守科研伦理的共识，科学家们也在努力抵制这种由于监管体制的不完善而引发的民用科技的军事化趋势。冷战时期，以美苏为首的两大军事集团奉行"核威慑"政策，开展疯狂的军备竞赛，使世界处于"毁灭"边缘。多国学者共同对此发起倡议，要求两国开展军控谈判，限制并削减已部署的战略核力量。20 年前，朱利安·佩里·鲁滨孙在提及这段历史时曾指出：

"科学家总是不得不与所谓的'双重忠诚'做斗争：科学家需身怀一种不仅要忠于祖国，还要忠于科学的责任感。在某些学科领域中，这种双重忠诚的责任感很可能是相互矛盾的，在'国家安全国家'（national security state，一种全新的现代美国国家形态）的初期，这种相互矛盾的责任感尤为凸显。'忠诚于科学'仅仅是一个抽象的概念，在科学界外很难被描述也很难被理解。同时，这种精神在某些科学家的身上是不存在的，但在另一些科学家身上却是无比激昂，高于一切的。这种精神之所以可以永存，也许是因为科学家们都希望新知识可以被积累和传承，从而推动人类社会的不断进步，抑或是因为人们始终相信'科学发展的根本目的是为了实现全人类的共同利益[1]'。"

总的来说，"忠诚于科学"这种精神在推动全球科研伦理标准的发展方面发挥了巨大的作用。而科学家因所处研究领域和文化背景的不同，也会因"双重忠诚"的责任感而产生截然不同的思维定式。

创新治理悖论

人类社会会通过维护科技创新体系来寻求一种安全稳定的发展环境，但科技创新活动的开展也会对当前的社会环境造成一定程度的冲击乃至破坏，这便是创新治理悖论。这个悖论主要包含以下两个问题：如何制定科技创新发展规划以及如何监管科技创新活动。关于这两个问题，不同的国家已经给出了不同的答案。以合成生物学领域为例，目前已向我们提出了诸多挑战。首先，这与合成生物学领域自身的跨学科特性有关；其次，当前世界各国对于涉及该领域的科技创新活动的分类过于主观，缺乏客观的评价标准，难以达成一致；再者，当前不同国家和地区对科技创新活动所采取的管控政策也有所不同。另外，合成生物学部分研究领域所涉及的某些安全问题常常远超当今的单学科体系及大众化知识所覆盖的范围，因此对当今的知识结构和知识体系造成了一定程度的冲击。

国家是开展科技创新活动的有效主体和重要决策者，因此对于如何规划合成生物学领域的科技创新活动的开展，以及如何监管合成生物学领域内的科技创新活动，各个国家占据着举足轻重的地位和作用。前文中提到，美国在合成生物学领域创立之初就开展了一系列的商讨活动，但是不论是在该领域的创新发展规划方面，还是在该领域的相关监管评估标准的制订方面，都反映出了合成生物学领域诞生时美国的具体国情。能够在国际层面上对于合成生物学领域可能会产生的科技平民化和生物安全问题开展预见性的探讨活动，重申了确立科技发展规划安全标准以及制订全球创新治理准则的重要性。然而关键性的挑战在于，由国家层面所发起的科技创新监管评估活动更多着眼于国家利益而不是国际利益，因此可能会仅仅流于形式，并不会主动暴露出因国与国之间的动态竞争而导致的安全隐患。至此便引出下面的第三个悖论——全球不安全悖论。

全球不安全悖论

现如今，如何拟定并实施全球统一的科技创新监管对策，无论对于国家安全来说还是对于国际安全来说，都是十分重要乃至必要的。在如今的核武器裁减和不扩散核武器条约背景下，合成生物学领域已经为不同国家相关的科技创新监管评估体系做出了一个良好的示范。各国的专家通过对合成生物学领域内的科技创新活动进行主观上的划分，试图消除现行国际制度对该领域内科技创新活动的影响。但这种做法自身的局限性在于，当我们需要在国际层面上考量新兴创新领域所带来的机遇和挑战时，我们无法确定应该优先遵循哪一条现行的国际制度。这就涉及在更深层次的全球性科技创新监管评估活动中，我们应该如何解决各国之间固有的不对等性的问题。这不仅会决定谁更具有发言权，而且还会影响到科技监管评估活动的整体思维走向。这些问题意义重大，其重要性也将愈发凸显。随着全球权力格局的深度转变，科技创新的版图和经济形势都在发生着深刻变化。尽管西方国家早已习惯身处"科技开拓者"的高位，但未来他们必须接受并重新适应"科技接受者"这个全新身份。

展　　望

　　作者编写本书的主要目的并不是要给出一套能够完美解决上述悖论的具体方案，而是想让读者能够对产生这些悖论的具体背景和国际社会环境有一个更加明确而清晰的认识。前文中所提到的几种应对方案和措施在评估和应对生物科技领域内新技术滥用问题时可能有一定的借鉴作用，这一点我们不做过多讨论。出于对当前科技发展和矛盾冲突变化速度的担心，作者在结尾处重申了上述三个悖论，旨在强调对于那些用于判定哪些生物技术可在军事领域内合理化应用的共同指导原则，我们应当审慎地对其重新进行评估。

　　重新评估的第一步要求我们应该以全球化的视角来看待那些需要重点关注的研究领域及其存在的争议。这就要求我们必须对军队在生物科技领域内的全球发展战略拥有一个更加清晰的认识。目前，互联网上尚无可专用于查询各种生物技术的军事投资潜力的中立公用数据库。世界各国军队出于不同目的，以不同方式对生物科技前沿领域进行投资。我们有必要对其投资目的的类型进行更为清晰而深入的了解，否则公众很容易过度关注此事并引发担忧，从而产生某些负面影响。历史上，这种利用认知上的不对等性来遮掩其军事丑闻的现象屡见不鲜。因此，我们不仅需要深入了解哪些投资项目和研究领域上存在军事投资的现象，还应当聚焦于现行的监管制度、透明度以及公共问责制上。与此同时，这项工作还迫切地需要对那些可应用于军事领域的生物技术的伦理学限制进行重申和复议。我们在开展这项审查工作时，不能仅局限于传统的生物威胁，如毒素和烈性病原体的恶意应用方面的审查，而是要针对当代生物技术军事化发展趋势所引发的全面的伦理学问题展开审查，包括但不局限于人类和环境改造等方面的内容。基于这方面知识，也许我们能够在未来的核武器裁减过程中更好地把握并开创全新的局面。

参 考 文 献

1.　Julian Perry Robinson, 'Contribution of the Pugwash Movement to the International Regime Against Chemical and Biological Weapons'(1998), 5, http: //www.sussex.ac.uk/Units/spru/hsp/documents/pugwash-hist.pdf.